·未来生活大科技丛书·

读懂
移动互联网时代

易北辰 / 著

电子工业出版社
Publishing House of Electronics Industry
北京·BEIJING

未经许可，不得以任何方式复制或抄袭本书之部分或全部内容。
版权所有，侵权必究。

图书在版编目（CIP）数据

读懂移动互联网时代/易北辰著．—北京：电子工业出版社，2016.3
（未来生活大科技丛书）
ISBN 978-7-121-28356-7

Ⅰ.①读… Ⅱ.①易… Ⅲ.①移动通信－互联网络－研究 Ⅳ.①TN929.5

中国版本图书馆 CIP 数据核字（2016）第 055519 号

责任编辑：富　军
印　　刷：三河市华成印务有限公司
装　　订：三河市华成印务有限公司
出版发行：电子工业出版社
　　　　　北京市海淀区万寿路 173 信箱　邮编　100036
开　　本：720×1 000　1/16　印张：16.75　字数：268 千字
版　　次：2016 年 3 月第 1 版
印　　次：2023 年 4 月第 2 次印刷
定　　价：69.00 元

凡所购买电子工业出版社图书有缺损问题，请向购书店调换。若书店售缺，请与本社发行部联系，联系及邮购电话：（010）88254888，88258888。
质量投诉请发邮件至 zlts@phei.com.cn，盗版侵权举报请发邮件至 dbqq@phei.com.cn。
本书咨询联系方式：（010）88254456。

序

这是属于你的时代！

这是个最好的时代，一部手机，可以理财、打车、叫外卖、网购，只要你能想到的，没有手机召唤不到的服务！

这是个最坏的时代，万物互联一路狂奔，智能设备正在取代许多传统工作，一大批工作机会正在消失，手机低头族正在抢走健康和与家人朋友的相处时间。我有一位做传媒工作的朋友，曾经跟我声嘶力竭地抱怨：这辈子最恨的东西就是微信，因为老板、工作伙伴都在上边，以前 QQ 一关就不用管了，现在工作群组一天 24 小时都在讨论，完全没有私人时间。

同时，已经成功的人士在一夜之间都患上了焦虑症。因为对手都从看不见的地方来跨界打劫，天猫、京东要抢走国美、苏宁的生意，乐视、小米电视要抢走海信、TCL 的生意，未来最大的广告公司会是嘀嘀打车，你相信吗？未来最大的理财公司会是支付宝，3 年前，你想到过吗？

不管是互联网+，还是+互联网，你思考过这一切都是如何发生的吗？移动互联网为何产生如此巨大的力量？这股力量发生的源动力在哪？我们如何在移动互联网时代驾驭这股力量？如何成为移动互联网时代的人生赢家？

在得到这些答案之前，我们必须承认一个前提和现实！

这个现实就是：这是个全新的世界。我们暂且把这个新世界称为"互联星球"，以此来区别我们之前认识的"地球"。

我们要重新认识这个新世界"互联星球"的游戏规则。

2000年以后出生的孩子,今天已经16岁了。2000年,中国已经有阿里巴巴、百度、腾讯,这些孩子是互联网土壤下生长出来的原住民,户口就在互联星球。

而现在的70后、80后、90后,他们30岁、20岁、10岁的时候或者有了第一个QQ ID,开始了第一次百度搜索,第一次学会了网银支付、淘宝购物,在天涯八卦。我们把他们称为"互联星球"的移民。他们掌握着现实和虚拟两种语音。现实是他们对父母、对老师言听计从,在家庭与公司的两点一线上中规中矩,但是只要通过窗户(Windows)连接上"互联星球",则他们将拥有另一个身份。这个身份是在一个虚拟的马甲之下释放真我,畅所欲言。"亲,楼主,醉了,给力"是他们的官方语言。

2007年1月10日,大洋彼岸一个叫乔布斯的发布了一款神器"iPhone",而就是这个不到4英寸的家伙,打开了一扇巨大的门,这扇门通往的世界叫"移动互联星球"。

"移动互联星球"更加神奇和性感,像金庸笔下的武林江湖,智能手机是每个江湖中人的佩剑,创业者、投资人、APP程序员、产品经理、设计师是江湖中最常见的职业。

就这样,原来的地球进化成了3个大陆:①原生地球;②互联星球;③移动互联星球。

3个大陆生活的子民拥有着完全不同的行为和生活模式。

1. 原生地球

他们保持着工业时代的生活和思维方式,公司和家的两点一线是他们的工作模式,现金和银行卡是他们的支付工具,开车和公共交通是他们的

序

出行方式……

2．互联星球

台式机和笔记本电脑是与外界沟通的主要设备，hao123.com 是陪伴他们成长的必要存在。"上网冲浪"是他们的时代印记！百度、阿里巴巴、QQ 是他们耳熟能详的符号，或者是生活的必需品……

3．移动互联星球

他们是千古无人的一代，经历了科技带来的社会神奇变革：Wi-Fi 是他们生命中最重要的单品；智能手机是一分钟也不能分开的生命器官；SOHO 自由办公是他们的日常状态；朝九晚五两点一线是无法想象的存在；可以随时在网络上接受哈佛、斯坦福大学的在线课程；在众包网络得到工作机会（国内如猪八戒、易到用车、58 到家）；买车、买房在这里既不低碳，也没有性价比；利用共享经济天天换着城市住、换着车出行是他们的现在和未来……

那么问题来了？3 个大陆和他们的子民，谁代表未来？谁将引领世界？

答案是具体的、肯定的！从年龄划分，80 后、90 后、00 后是世界的生力军。最大的 80 后已经 36 岁，成为社会中流砥柱；最大的 90 后 26 岁，已经完成新手村的练习；最大的 00 后 16 岁，开始认识这个全新的世界！

他们是社会最活跃的规模化消费群体，单从经济层面看，如果你想赚大钱，做大生意，就必须要时刻洞察 80 后、90 后、00 后在想什么、干什么、信什么。

那么 80 后、90 后、00 后生活在哪个世界？显然，00 后是移动互联星球的原住民，而 80 后、90 后正在进行人类史上仅次于春运的人口迁徙，他们从"互联星球"大规模迁徙到"移动互联星球"，对于这样的迁徙，路程

不算遥远；而对于原生地球的子民，这样的迁徙显得劳累和不易！但是他们必须适应这样的过程，别无他法。要知道，在北京，如果你不会使用手机打车APP，你将在马路上很难再打到出租车。加入"移动互联星球"是他们唯一且必需的选择！

　　本书所做的工作不能教你游泳的技术、移动互联星球生存赚钱的方法，而是作为移动互联星球生活的子民，像一个邻居、像一个朋友，欢迎你来到移动互联星球，与你聊聊这些年的所见、所闻、所思、所感。阅读本书之后，希望你对新的环境有一个新的认识，帮助你打开思维，在全新的世界里取得更大的成就。如果本书有一句话让您觉得好玩、有趣、受益，那就是北辰最大的喜悦。

　　由于时间仓促，本书在出版过程中存在一些不足，真诚希望得到广大读者朋友指正。

　　在移动互联星球探索的日子里，感谢我的恩师和引路人金错刀，感谢启蒙恩师新浪网创始人王志东先生，感谢电子工业出版社富军女士。同时，在部分文章的写作时间里，得到了小米创始人、董事长雷军，搜狐董事局主席张朝阳，奇虎360董事长周鸿祎，《免费》作者克里斯·安德森，《数字化生存》作者尼古拉斯·尼葛洛庞帝的约见和指点。

　　最后，只要你知她、懂她、信她，每个时代都是最好的时代！

2016年3月23日
清华科技园

目 录

第 1 章　登录移动星球的账号和密码 / 1

账号：永远保持年轻　密码：永远热泪盈眶 / 2
向范冰冰学粉丝经济 / 10
现象：你家汽车是可以遥控的 / 15
发展太阳能？解决雾霾？资本先出手了 / 17
虚拟现实，这个可以有 / 20
中国跃入虚拟现实时代 / 24

第 2 章　得大数据者得天下 / 29

连横活动频繁，友盟+成立 / 30
APP 必死，下一站 H5 / 33
改个名字？管用吗 / 37
如果有机会当网红，DO IT / 41
今日头条"数"从何处来 / 44

第 3 章　智慧星球 / 47

智慧家庭人口在 2016 年将迎来爆发 / 48
跨个界吧 / 52
在移动星球，粗粮和花，你不要忽视 / 55
一定要软硬结合　YunOS 知道 / 58

　　做大做强就真的一定要么 /62

第4章　共享经济 /67

　　Airbnb入华：改变的不是商业，而是常识 /68
　　Uber最大竞争对手最近很忙 /73
　　共享经济，中国走在哪一步 /77
　　易到可以改变1亿人的生活么 /81

第5章　社交网络 /85

　　陌陌私有化之后，这些被低估的中概股也可能回归 /86
　　2016，社交广告怎么玩 /90
　　主要看气质为什么能火爆朋友圈 /94
　　粉丝经济新玩法 /97
　　年轻人在用什么社交产品 /101
　　信息流广告爆发式增长，大数据成为关键 /105
　　看传统企业玩转粉丝经济 /109

第6章　召唤时代精神 /113

　　匠心：两个半人和一件衬衫 /114
　　低调才是最牛的炫耀 /119

第7章　连接一切 /123

　　微票儿C轮获15亿元人民币融资，高增长的秘诀在于"连接" /125
　　乐视八阵图连接一切 /131

第8章　O2O逻辑 /141

　　独家解析：汽车后市场O2O卡拉丁的商业逻辑 /142

目 录

O2O开放平台五环破四难 / 148

第9章 万物互联 / 151

产业金融联姻互联网到底怎么玩？解析易到、海易"易人易车"计划 / 152

新飞行时代：连接天空 / 155

无人驾驶汽车重新定义汽车 / 158

出席总理座谈会 周鸿祎说了些什么 / 160

智能手表会取代钥匙吗 / 164

可穿戴设备应该是一套独立的生态系统 / 167

第10章 电商趋势 / 171

核心数据解读新南联盟"苏宁+中兴" / 172

跨境电商是2016主线 / 176

线上线下大融合 / 182

小牛电动不怕丢互联网+改造传统行业的典范 / 185

中国的创业者们到底在想什么？做什么？信什么 / 189

第11章 世界是平的 / 195

中国智造的全球化之路 / 196

海尔首个互联网冰箱带给我们什么启示 / 201

第12章 IP风暴 / 205

足球IP / 206

纪录片IP / 210

韩娱IP化 / 214

零食IP / 220

第13章 移动互联网英雄谱 / 227

乐视崛起 / 228

苹果江湖 / 234

必读小米 / 238

高端对决 / 242

努比亚反击 / 247

华为谷歌 / 250

硅谷 / 253

第1章
登录移动星球的账号和密码

- 账号：永远保持年轻　密码：永远热泪盈眶
- 向范冰冰学粉丝经济
- 现象：你家汽车是可以遥控的
- 发展太阳能？解决雾霾？资本先出手了
- 虚拟现实，这个可以有
- 中国跃入虚拟现实时代

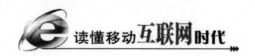

账号：永远保持年轻　密码：永远热泪盈眶

就像登录 QQ、微信、微博一切的应用，登录之前，你需要一个账号密码，这个账号密码是什么？

移动星球。账号：永远保持年轻　密码：永远热泪盈眶

通过一个案例，大家生活中无法绕开的案例：滴滴。

➡ 滴滴是一个年轻的创业团队，的确如此

2016 年 1 月的某一天，北辰和搜狐自媒体观察团前往位于北京西北五环的滴滴总部。从 2012 年小桔科技成立到 2016 年，短短 3 年，滴滴已经拥有了自己的办公大楼。大楼除了入口处的安检森严、一丝不苟以外，进入滴滴之后，好像回到大学的光景。图书墙、很 OPEN 的咖啡间、各种 PK 比赛，有最牛程序员之争，也有最佳团队之斗。一个个身经百战的铁军模样，柳青几个月前分享的时候提到初入滴滴印象中的阿里巴巴 B2B 中央铁军的影子已经渗透到滴滴的 DNA。支付宝出身的滴滴创始人程维，1983 年生人，掐指一算，也刚 33 岁。这个年纪放在任何一个行业都可以称之为少帅，但在互联网行业，用另一个词更为恰当：老兵。

遥想当年，33 岁的王志东已经领导新浪网成功登陆纳斯达克，27 岁的

第1章 登录移动星球的账号和密码

脸谱创始人扎克伯格已经加入纳斯达克俱乐部,身价百亿。当然,还不能忘记为自己代言的陈欧,同样生于1983。互联网就是这样一个奇迹诞生之地!

乘坐电梯到滴滴总部各个楼层走了走,看了看,印象最深的是到处贴着的内部海报,如闻战鼓,大气磅礴,像被一个强大的引力吸到一个列队工整、兵临城下的攻城之师,就待一声令下,万弩齐发,攻城略地。

滴滴总部的顶楼是通天台的,铁门一开,可以到天台遛遛弯,吹吹风。北辰和同行的自媒体名仕庄帅、丁少将、王吉伟调侃:夏天来这,弹个吉他,撸个串,岂不是人生一大幸事!

我一跃站上滴滴天台的护栏,不远处的3公里应该就是百度总部,西北旺地区虽然偏远,但是由于规划得好和政策引导,一大批知名互联网企业在此地生根成长,听说网易、新浪也快要搬过来了。

如果说中关村要变成创业街、五道口要变成智能孵化中心、那么现在的西北旺在若干年后会不会是另一个圣克拉拉大峡谷,下一个硅谷之地呢?我在想。

在天台吹了会风,北京的风——凛冽,撒野,不能久在户外。去会议室喝杯热水,有幸遇到了滴滴出行副总裁朱磊。朱总思维清晰,逻辑的续航能力极强,宏观中大气磅礴,细微处抽丝剥茧,乃当世英雄。聊罢,听滴滴朋友一说,他也是生于1984年。遂感叹:诸葛亮出道时,亦是如此风华吧。

如今的出行市场三分天下:外有Uber虎视中国市场,内有背靠乐视生态的易到用车,滴滴也从3年前的嘀嘀打车到今日的滴滴出行,从一个打车服务领域的轻量级选手,到今天覆盖出租车、快车、专车、巴士、代驾、试驾的多层次出行体系。

柳青在外边比如滴滴的野蛮生长时经常提到一个人:与柳青同龄的菲

律宾拳王曼尼·帕奎奥。帕奎奥是菲律宾人的骄傲。2009年11月15日，帕奎奥在WBC次中量级拳王争霸赛中挑战卫冕者库托成功，夺下了他的第7条拳王金腰带。一年后的2010年11月13日，帕奎奥又以十二回合击败马加里托，夺得WBC超次中量级拳王金腰带（150磅）。这8条金腰带没有一个重样儿的，分别代表8个不同的重量级冠军头衔，帕奎奥是"菲律宾国宝"，在当代拳击史上再也没有第二个拥有8条不同金腰带的拳王。

曼尼·帕奎奥拿遍了8个不同重量级的冠军，我想柳青看到曼尼·帕奎奥就应该看到了自己，看到了滴滴。从北大到哈佛，从哈佛到高盛，从高盛再到滴滴，柳青人生的上半场可谓华美无双，却失之温度；而下半场，是人生百味，亦真亦诚！每一天都是真实，每一刻都在重生。

2015年9月30日，柳青被查出患某癌症，时隔4个月，重新出现在滴滴年会并进行演讲，像许茹芸的小嗓唱腔，虽然麦克风的声音不大，但每个字句都在身上的每个毛细孔中渗透，震人发聩。

柳青2016年滴滴年会演讲全文（无删节版，与创业者共勉！）

昨天还在跟Will聊我今天讲什么，他说不用有压力，因为我今天会宣布年终奖和今天的抽奖，我说完了也没人在意你讲什么，讲什么都行。所以我现在非常轻松，我看到这边的同学很清楚，大家自己都有马上赢得30万元大奖的感觉。

我跟Will申请过，说能不能想讲什么讲什么。他说没问题，今天你最大，你的身份特殊，想讲什么就讲什么。我想先讲讲体会，站在这很感慨。4个月前的今天，9月30日，我给大家发了全员邮件，发的时候心情还是很沮丧的，当时知道生病了，心情是不好过的，唯一的想法是找一个地方一个人待着，谁也别理我。

第1章　登录移动星球的账号和密码

后来想到，如果我突然失踪一两个月，估计全世界都会很着急，爱我的人、我爱的人都会很着急，所以把真实情况给大家分享了。那个时候的心情就像刚刚找到了跑道的飞机，刚刚觉得自己在起飞、欢欣鼓舞的时候，突然间被平地惊雷劈下来了。

从手术室出来的第一刻就给 Will 打了电话，我说实际情况比想象的还要糟，他说别担心，我们一起来面对。这句话我一直记得，接下来的几个月，我们一起面对这个挑战。我每天都治疗，在每天治疗后比较难过的时候，就拿出来同学们录的视频，拿出来送给我的卡片、各种慰问卡，还有你们的相片来看看，心里会觉得很舒服，还会跟 Will 聊聊公司的事，比如说有了太阳花以后厕所非常干净，永远有人扫厕所，那个时候心情还是舒服很多。

Will 一直说，人要有一颗冠军的心，我一路上都有这样冠军的心，在那种状态下可能格外觉得有挫败感，觉得很茫然。借助这样的机会感谢你们，是因为你们帮我闯过这一关，谢谢大家。真心地感谢 Will，还有所有的小伙伴们，你们帮我在最艰难的时候重新找回了人生的方向。

说一句非常实在的话，不是没有想过退缩，也不是没有想过到底值不值得。脑子里想过很多很多的事，尤其是刚才 Will 也讲了，我们每天面临的挑战都是向死而生的挑战。在这种情况下，我确实犹豫过，但是我后来想明白了一个道理，我可能到哪里都再也找不到一个这么深爱的团队，一个这么可爱的团队。

李海茹是一个外表大大咧咧、内心非常细腻的女生。Will 刚才在聊技术架构的时候，张博一直泪流满面。他是真诚善良的人。我当时在旧金山和何教授吃饭时，问他为什么来。

他说就是因为张博，张博打动了我。有这样的团队，我觉得三生有幸，能够跟这样的团队在一起是非常幸福的。世界上有很多很多的聪明业务模式，我曾经做过投资，但我觉得那些都是可以被复制的，很多东西都可以被复制，唯一有一样东西是不能被复制的，就是人与人之间的信任。这种默契是受挫折时的相濡以沫和相互担当。

很多人问我，为什么滴滴在如此短暂的时间能够聚集到这么多资本的支持。其实，资本并不是只在追逐市场和增长的空间。真正智慧的资本和聪明的资本也在找一个紧密的团队、一个强大的团队，还有企业的温度。

滴滴让投资人看到了这种企业的温度，我们的 25 家投资人是全球最前面的 25 家，基本上中国乃至全球互联网最顶级的公司都是我们目前的投资人投出来的。他们跟我们说，无一例外，见到我们的团队以后，会被我们团队的这种亲密无间、这种大家互相坚守的精神打动。

今天我感受到了这个温度，感谢大家让我感受到了这个温度。我也希望能够回馈给大家，让大家感受到温度。管理层也希望让每个小桔子作为一个滴滴人，感觉到滴滴的温度。大家看到今天的会场，整个 HR 行政团队、筹备组不知道熬了多少个通宵，就是为了在这个寒冷的冬天让大家感受到温度，请大家为所有筹备组的同学鼓掌。

还有，我希望所有的滴滴人都要清醒地知道，滴滴还有非常非常与众不同的特质，基本上在业界没有一家公司才三年就到了这个规模。经历过如此多的挑战，滴滴是一个有特殊气质的、身经百战的团队。

比如所有事业部的负责人，外人很难想象他们才 20 几岁或才 30 出头就已经率领千军万马，大家知道这是什么意思吗？就是很多时候你追求安全而进到一个公司，这样的公司一般是已经十几年了，暮气沉沉，里面有很多很多大的结构，你不知道怎么插手，不知道怎么带来价值。

第1章 登录移动星球的账号和密码

但是太年轻的公司可能也发挥不出来价值,因为太年轻的公司可能在遇到第一个浪花时就被拍下去了。像滴滴这样,只有三年的公司,但是有如此雄厚资源的,基本上绝无仅有。

这是我们的特点。大家看看,那一排是我们的高层管理者,他们都很年轻,包括 James 也是一张年轻的脸,每个人身上都有很独特的青春气息,这是非常难得的。不知道有多少同学,才加入滴滴半年,但要恭喜你们,你们已经荣升为滴滴的老员工了。我的工号是 712 号,我加入的时间是 1 年半前,今年滴滴已经有 5000 多人了。

我想告诉大家的是,这里面没有新老之分,这里讲的是简单、开放、激情。我们希望用这种青春、这种热血、这种活力吸引最顶尖的人才、最优秀的人才。我们拥有全世界最顶尖的科学家,最优秀的算法工程师,整个中国互联网最有创意的营销、最勤勉的业务都在这里。我们希望不仅给每个人带来温度,还想帮助每个人在实现滴滴大梦想的同时,实现你的小梦想,实现你的个人价值。

如果说有一天,你觉得滴滴已经没有高效运转、有一些臃肿、有一些人浮于事了,请你一定要找 Will,来找我。不管在任何情况下,不管我们经历了多少艰难万险,我们一定要保持我们的年轻,我们的热血,我们要让所有的人永远年轻,永远热泪盈眶。中国的智能出行渗透率只有 1%,这个数字相比中国电商的渗透率 12%,还有十几倍的空间可以发展。美国电商的渗透率是 7%。

中国的互联网一直在领跑全球。作为一个有这么大估值的企业,它代表了什么呢?它代表了非常艰巨的挑战。不管是在战略上、在业务上,还是在管理上,我们今天已经晋升到这个圈子,我们无路可退,不是想退就可以的,因为已经到了几百亿美元的擂台上,已经退不下来了,我们只有大

步向前。

2016年，我对自己的要求也想在这里聊一下，是从另外的一个维度，希望帮助团队一起扛过所有的考验。

第一，心力。放下你的玻璃心，换一个铁的回来，钢的回来。只有强大的心力，才能在遇到挫折的时候渡过难关。我必须要提到蓝莲花，前天参加了蓝莲花的颁奖，我非常欣慰和开心。

在营销团队和市场团队，我一直很苛责，递过来的产品基本都被打回原形，从来都是讲不好，很少很少鼓励。我们一定要突破，在品牌上做突破，在营销上做突破，不能再被人看成是很LOW的品牌，不能只跟补贴在一起。我们确实做到了，这是和所有的市场部及各个事业部营销团队同学们强大的心力分不开的，我向你们致敬，真的很棒。

第二，标准。作为一个卓越企业最起码的要求，就是给自己提更高的要求。当你觉得我已经做得不错的时候，你想想是不是能做得更好。像今天的LOGO，设计团队做了200多稿，基本上是不眠不休做出来的。

做出来以后还是觉得不满意，这就是我们对卓越品质的一种追求。这种追求也应该贯彻在专车服务上、所有产品的细节上，追求100分，追求卓越。今天我看到，基本上我们所有的同学都比原来有更高的成长。这种成长来源于自己把标准提得更高了。

最后，就是担当，对结果负责。我经常在路上或者在风口上提到。大家知道，别乱花是一个很难做的项目，什么叫别乱花？Maggie是9月份加入的，是我们的财务副总裁，要到处说今天这个不许花、那个不许花是什么压力，要铁面无私，毫不留情的杜绝浪费每一分钱，这是需要很大魄力的，要拿结果，有担当。我们都要拿结果，这是我们希望的。我们自己，

第1章 登录移动星球的账号和密码

从 Will 到我,到管理层,都会以这种精神来要求。

在美国的时候,我住的医院是一家公立医院,里面有很多各种有意思的病人,在治疗前会在一起等。医生是一个非常严厉的老太太,病人都很怕她。她很喜欢我,她问你做什么的,我说我们的公司是做出行服务的。她说是只给有钱人提供出行服务吗?我说不是,我们是给全中国人民提供出行服务的。

她说那好,我一定要治好你,这样你回去能够做更好的服务。我想我的答案幸好对了。就连一个远在美国旧金山的医生都知道了我们每一个小桔子承载的使命,我们每个人都应该感到骄傲和自豪。

2016 年无疑是充满挑战的一年,挑战会远大于你的想象。我想,只要我们用更高的要求来要求自己,有担当,用最大的心力来承载,大步承载,2016 年一定会海阔天空,大家一起努力,谢谢!

北辰说,记住账号密码,失去了,便失去了一个世界。

永远保持年轻,永远热泪盈眶。

向范冰冰学粉丝经济

有粉走遍天下，无粉寸步难行。粉丝是移动星球的通行货币，像黄金、像信用卡、像人民币。

如何做粉丝经济？

向一位女神学习？谁？范冰冰！

娱乐是一个圈。

因为是圆的，什么事情都能发生……除了中国足球。

从1998年的一个小丫鬟到2014年的武则天。

从1998年的青涩懵懂到2014年的王霸之气。

范冰冰比太子妃升职更加不用穿越，更加接地气，虽然也要看气质。

从紫薇格格身边的行政助理，经过16年的奋斗，成功IPO，出任CEO。

范冰冰的成长轨迹恰巧与中国互联网的曲线高度耦合。这似乎给了无数屌丝创业者一个启示，如何像冰冰姐，创业成功，出任CEO，赢娶大黑牛。

选团队

18年前，如果你什么都不干，去杭州找马云，去深圳找马化腾，去北京

第1章 登录移动星球的账号和密码

找李彦宏，跟他们喝茶、吹牛、聊天、做朋友，加入他们公司，不管他们干什么，给多少钱，你都死心塌地。今天你也至少亿万身价，奔驰宝马，富贵荣华。

可惜这个世界没有机器猫，没有时光机，人生如戏，全靠选技。选择很重要！选择不对，努力白费。

当年的《还珠格格》无疑是造星梦工厂，诞生了范冰冰、赵薇、苏有朋等一票天皇巨星。但是就像阿里巴巴、百度，不是一出生就是金光灿灿，一出生就在CBD。他们往往生于毫末，可能在西子湖畔的小民宅里，可能在某个入住率超低而门牌号还带4的酒店中。

当年的《还珠格格》拿着琼瑶阿姨的剧本，像今天创业团队拿着共享经济概念的商业计划书，刚刚拿了天使轮，A轮还没着落。总之就是前途光明，道路曲折，步步惊心。

范冰冰怎么就鬼使神差加入这样一个创业团队？有个小故事。

《还珠格格》之前，1996年范冰冰还没有毕业，客串了刘雪华主演的电视剧《女强人》，在电视剧里饰演邵兵的未婚妻。那时范冰冰还在上海读书。在一次演一个三天的戏时，冰冰遇到了琼女郎刘雪华。刘雪华觉得范冰冰特别像画中的美女，长且密的黑发，冰肌玉骨，颇有古韵，就要了范冰冰的几张照片和联系方式。很快一年时间过去了，一直没有得到任何消息，快到年底的时候，《还珠格格》的制作人何秀琼女士向范冰冰烟台的家中打电话询问情况，告诉范冰冰需要金锁这样一个角色，希望范冰冰出演。

当时的女一号赵薇也是初出茅庐,男一号苏有朋是个歌手,标准的影视新人。按经验值,这个创业团队的核心主创令人堪忧啊。

范冰冰在这样的背景下加入这样的草根团队,未想到,《还珠格格》一战成名,成为10年剧王,捧红新人无数。至此,范冰冰踏上超星之路……

产品为王

"流行稍纵即逝,惟有风格永存"。

影视圈,俊男如风,美女如云,小鲜肉层出不穷,老戏骨风华犹在。在这样的血海市场里,各领风骚数年容易,玉树常青、常年霸屏却绝非易事。

范冰冰的秘诀就是产品为王,每年输出冰式风格的经典作品。

1998年出演《还珠格格》之后,同年(1998年)接拍《马永贞》,女二号。1999年,范冰冰共参演4部电视剧,《青春出动》《小李飞刀》《菩提达摩传奇》《人间灶王》。《青春出动》,双冰主角,由范冰冰、潘粤明、李冰冰、任泉联合主演,《人间灶王》范冰冰绝对主角。

2003年,凭借电影《手机》成为第27届大众电影百花奖最佳女主角。2006年,凭借电影《苹果》走上"柏林国际电影节"红毯,这位中国古典美人获得多方关注,亮相柏林,其国际知名度和影响力日渐提升,凭借此片,在2007年,范冰冰最终获得欧亚国际电影节最佳女主角。2007年成立范冰冰工作室,第一部自家制作的电视剧是《胭脂雪》(范冰冰饰演文玉禾)。2008年,范冰冰名列福布斯中国名人榜第6位,11月4日被任命为陕西西安"西部电影集团艺创中心演员剧团副团长"。2010年10月31日，范冰冰凭借电影《观音山》荣获第23届"东京国际电影节"最佳女主角。2012年10月，范冰冰与李玉导演三度合作的文艺片《二次曝光》在竞争激烈的国庆档票房过亿。

易北辰认为：在任何领域，作品永远是让别人把嘴闭上最好的武器！

粉丝经济×2

去年硅谷天使投资人彼得·蒂尔（Peter Thiel）的一本书《从0到1》非常火，商业世界的每一刻都不会重演。下一个比尔·盖茨不会再开发操作系统，下一个拉里·佩奇或是谢尔盖·布林不会再研发搜索引擎，下一个马克·扎克伯格也不会去创建社交网络。如果你照搬这些人的做法，你就不是在向他们学习。

传统的娱乐圈，冰肌玉骨，绝色无双的女演员，退出模式和科技圈的IPO一样单调，就是嫁顶级富豪。这两年确实有创新，风向变了，李小璐找到了贾乃亮（虽然后者的名字经常被调侃），邓超找到了娘娘孙俪，范冰冰找到了大黑牛李晨。

粉丝经济在2009年微博之后，大行其道。一线明星们不仅找到了更好的变现渠道，同时也找到了人生的退出机制。范冰冰+李晨，粉丝经济×2。易北辰查阅了范冰冰和李晨的微博粉丝数，分别是4403万和3904万，合计8307万。

两人合力覆盖了近十三分之一的中国人，如果有个小宝宝，参加几期《爸爸去哪儿》，那么吸粉、吸金能力更将呈现指数级增长。

结语：

天下没有放之四海而皆准的道理！范冰冰的人生路径可参阅却不可复制。对于此文，您可以选择阅后即焚，或者马上关掉网页，选一个团队，打磨好每个产品，善待你的粉丝……

北辰说，人而无信，行之不远。

在移动星球意思是，一个人连微信粉丝都没有，是不会走得太远的。

第1章 登录移动星球的账号和密码

现象：你家汽车是可以遥控的

在移动星球，想象力是你在这个世界生存的基础。

想象一下，这里的汽车是可以遥控的，机器狗、无人机是可以遛的。

➡ 前几天，看见一则汽车广告：欧洲一个安静的小镇，窗外烟雨蒙蒙，一位西装革履、颜值极高的帅哥在咖啡馆一边享用咖啡，一边用平板电脑办公。雨一点也没有停的意思，身上的意大利西装估计挺贵且不防雨，帅哥看了看表，嗯，时间到了，要马上出发。从口袋里掏出车钥匙（此处省略汽车品牌）轻轻一按，停在几十米外的汽车自动启动发动机，慢悠悠地从车位驶出，准确无误地停在咖啡馆门口，帅哥摔门上车，扬长而去……

假如咖啡馆店主是枚妹纸，拥有这样一辆长脸的神兽座驾是种什么样的体验？伊隆·马斯克说："两年内，特斯拉车主可跨省"召唤"自己的汽车。"

➡ 记得小时候，看过一部片子《霹雳游侠》，里边有部抢镜的车叫"kitte"，常规模式是福特野马 GT500KR 限量版。攻击模式是改装 GT500KR 外形得来的！每个 80 后的梦想之车，每当主人遇险，一召唤，不管在哪，kitte 一定准时出现在需要他的地方。此时，汽车不单是汽车，是萌宠，是助手，是伙伴，是战友！"去拥有一辆车吧，它可以带你去任何想去的地方！"（当然，在不堵的情况下）

有些人爱做梦，他们有统一的称谓：梦想家！有些人爱圆梦，他们也有统一的称谓：冒险家！马斯克是这个时代后者的不二人选，特斯拉创始人伊隆·马斯克最近的工作就是把电影里的场景变成现实。

➡ 据外媒报道，特斯拉近日推出了最新车载操作系统 Version 7.1，此次升级新增一项重要功能名曰"召唤"（Summon），在车内无司机的情况下，汽车可以自主进入或退出泊车位或车库。马斯克表示，在 2 年时间内，你将可以在国内任一地方（TechWeb 注：from across the country，应指美国）召唤你的汽车。如果你的特斯拉汽车在纽约，而你却在洛杉矶，那么它可以一路行来找到你，也就是跨越州界了，相当于中国的跨省。马斯克还表示，特斯拉汽车还可以在旅途中自己给自己充电。马斯克称，要达到这一功能，特斯拉汽车还需要装载更多的摄像头和雷达。

➡ 北辰亲自测试过某无人机的同步巡航功能，画面是设定一个时速，你在陆地上开车，无人机在你头顶上同步飞行。业界俗称"遛无人机"。

徐小平近几日在美国 CES 遛弯，感叹：未来三大件要变！机器人、VR、AR 将是未来三大件。那，易北辰补一句：以后上大街不遛猫、不遛狗，遛特斯拉、遛无人机。互相见面打招呼：你家无人机今天看着很精神！其实，看起来神奇，这项技术只是无人驾驶系统的一个小分支，期待国内无人驾驶汽车领域的领先厂商百度等巨头也迎头赶上……让读者遛车的梦想早日成真！2016 年有所期待……

北辰说，遛机器狗、无人机、特斯拉？谁说宅女费电。强烈要求大力发展太阳能！

第 1 章　登录移动星球的账号和密码

发展太阳能？解决雾霾？资本先出手了

石油和化石燃料驱动了整个工业时代，在移动星球，靠什么动力驱动？毫无疑问，当然是清洁能源！

马云：今天的雾霾已经形成了，抱怨有什么用呢？这是我们做企业巨大的机会，如果你改变了这个雾霾的现状，改变了中国的环境状况，你就有可能是未来 30 年最了不起的企业。

马云应该说过这话，如果不是马云说的，那就是易北辰说的。

"十面霾伏"是未来北京至少 5 年的面貌，易北辰的有些自媒体朋友已经亦然决定卖掉通州的房子南下苏杭。最核心的原因：为了下一代。大人能百毒不侵，能抗住，不能让小孩"同呼吸，共命运"。

问题来了？

怎么解？

北辰不是官员，不是科学家，雾霾是个系统问题，不是一朝一夕能解决的。这些场面话不会出现在本文。

庆幸的是，从观察来看，一些积极的变化正在发生。

➡ 2015 年，中国清洁能源投资占世界三分之一

2015 年，清洁能源产业正以前所未有的速度发展，投资额达创纪录的

3290亿美元，产能则扩大了121千兆瓦。中国投资1110亿美元建设基础设施，同比增幅达到17%，占全球清洁能源投资总额的33.6%，接近美国和欧洲的总和。（数据来源：彭博）

● 新能源领域逐步开放

从相关部门获悉，为落实国家发改委《关于有序放开发用电计划的实施意见》，我国在部分省市开展太阳能、风能等清洁能源优先试点。据相关人士透露，2016年第一批纳入优先发电计划的省份已经下发。目前，这些地区正在征集符合要求的发电企业报送相关材料，按照资源条件全额预留发电计划，符合的企业包括风电、太阳能发电、生物质发电，热电联产机将被列入预留发电计划之内。

● 光伏发电市场蓬勃发展，我国累计装机量跃居全球首位

2015年，全球光伏市场强劲增长，新增装机容量预计将超过50GW，同比增长16.3%，累计光伏容量超过230GW。传统市场，如日本、美国、欧洲的新增装机容量将分别达到9GW、8GW和7.5GW，依然保持强劲发展势头。新兴市场不断涌现，光伏应用在东南亚、拉丁美洲诸国的发展势如破竹，印度、泰国、智利、墨西哥等国装机规模快速提升，如印度在2015年将达到2.5GW。我国光伏新增装机量将达到16.5GW，继续位居全球首位，累计装机有望超过43GW，超越德国成为全球光伏累计装机量最大的国家。

● 金融全方位支持

近日，中国人民银行发布〔2015〕第39号公告，公告称为加快建设生

态文明，引导金融机构服务绿色发展，推动经济结构转型升级和经济发展方式转变，支持金融机构发行绿色金融债券，募集资金用于支持绿色产业发展。中国人民银行发布〔2015〕第39号公告表明，国家对新能源的支持力度将持续加大，从单纯的政策鼓励逐渐转变为涵盖金融的全方位鼓励与支持。

清洁能源投资结构优化

在中国2015年清洁能源投资中，光伏发电投资510亿美金领跑，风电投资477亿美金次之，二者在清洁能源投资占比89%。（数据来源：财新）

如果地球病了，没有人会健康。环境污染起于"先污染，后治理"的经济思维，也必将止于"既要金山银山，也要绿水青山"的市场思维。政府搭台，企业唱戏。让一批对治理环境有功的人先富起来，未来的伟大企业家一定优先解决社会问题、环境问题。

大风来临，有人选择造风车，有人选择筑高墙。清洁能源是最大的台风口，此刻不需要猪，需要造风车的工匠，是你吗？

北辰说，聚木成林，积沙成塔。首先要清洁的不是环境，而是我们的思维和内心。

虚拟现实，这个可以有

在移动星球，虚拟现实就是你的眼。它关乎你如何看待这个世界。好吧，此刻，你想和这个世界谈一谈。

互联网的下一个战场在哪？一千个看客，心中就有一千只草泥马。

从苹果、微软、腾讯剑指的方向看，VR（虚拟现实）、AR（增强现实）的大战一触即发。2000年，门户之争成就了搜狐张朝阳；2003年，电商C2C平台之争成就了淘宝网；2005年，视频战役成就了优酷网；2014年，移动互联网入口之争成就了小米和华为；2016年，VR的赛道已铺好，就等选手了。

要想上场，先问问巨头的态度：苹果、微软、腾讯态度明确，四个字：必须拿下！方法呢？两条路径：内生和收购！

就目前来看，各路诸侯已经厉兵秣马，都暂处同一起跑线，但有的选手已经抢跑，有的选手选择后发制人。他们的哲学是领先三步是先烈，领先一步才是先驱。先让市场跑跑看，家里粮草库多备些银两，到时候准备买！买！买！

目前战况如何，我们用空中俯瞰视角观摩一下主要战场。

➡ 苹果方面

苹果将在2016年全力发展虚拟现实和增强现实技术。虚拟现实和增强现实是消费电子技术的下一个自然演变。这类技术尤其适合 iPhone 的生态系统。

2015 年 5 月，苹果收购德国的增强现实公司 Metaio。Metaio 是 2003 年由大众的一个项目衍生出来的一家虚拟现实初创公司，专门从事增强现实和机器视觉解决方案。Metaio 的 Metaio Creator 让用户使用 iPad 等现有的设备获得沉浸式互动体验。

2015 年 11 月，苹果收购动作捕捉技术公司 Faceshift。Faceshift 是一种新的运动捕获实用工具，主要用来复制人类的面部动作，其性能令人印象深刻，捕捉过程几乎没有任何明显的延迟。Faceshift 依赖于微软 Kinect 和摄像头来驱动，提交 Faceshift 所需要的 3D 数据。当然，Faceshift 的创作者也做了令人钦佩的工作，从 Kinect 设备获取的人脸识别 3D 数据当中精练出 Faceshift 需要的数据。Faceshift 可以用屏幕上的 3D 头像精确复制人脸的表情，包括最轻微的肌肉抽动，达成一流的动作捕捉。目前，人类面部表情捕捉已经大量应用到视频游戏产业中，如著名的黑黑帮游戏《LA Noire》（黑色洛城）。

苹果握有多项覆盖多种增强现实应用的专利，涉及透明显示器、移动测图解决方案、iPhone 驱动的虚拟显示器等。其中，有一项专利描述的是一种能够利用计算机视觉实时识别物体的智能手机。

专利申请和保护是 VR 之争的第一个桥头堡！

微软方面

微软作为游戏三巨头之一，在各大游戏厂商争先推出虚拟现实设备的当下不甘落后。2015 年 1 月 22 日，微软在 Windows 10 预览版发布会上，借机推出了 HoloLens 头戴头盔。早在研发之时，HoloLens 就获得了市场的高度关注。号称是能够将所有电脑显示内容 VR 化的设备，能够将 3D 虚拟图像移植到现实世界中来，开发者版本的 Hololens 将于 2016 年初正式开售。

腾讯方面

在乌镇世界互联网大会上，马化腾在发言的结尾向所有人发问："微信在这 5 年很成功，未来会有什么产品颠覆它呢？下一代信息终端会是什么？"。随后，他提到，可能是 VR。

2015 年 11 月 9 日，腾讯在 MiniStation 微游戏主机发布会上宣布了自己的 VR 游戏生态战略，而腾讯的 VR 全球开发者招募计划也在进行中。

我们看到了腾讯对 VR 未来的使用定位方向，如游戏、影视、社交、在线、地图及更多可能的领域。娱乐内容显然是 VR 的重要消费，其次是生活。腾讯也开启了 VR 全球开发者的招募计划，未来将从账户系统、社交系统、分发平台、支付平台四个方面给开发者支持。这些也是腾讯的核心资源。

创业团队方面

2014 年 6 月于上海创立的大朋 VR，在一年半的时间里，开发了两款产品，即 PC 版本的大朋头盔（E2）、手机版本的大朋魔镜（V2）。

12 月 25 日，迅雷、恺英网络跟投 3000 万美元 B 轮融资，与大朋 VR 达成战略合作。之前，大朋 VR 已经获得了上海鸿立数千万元种子投资，以及 2015 年 10 月双安资产等产业基金的 A 轮投资。目前市场估值上升到 8

亿元人民币。

不可否认，VR是一场资金密集、顶级人才、顶级市场的未来战役。选手们都来势汹汹，实力不俗。

同时作为智慧未来的主要生态，它将在方方面面改变人类的未来生活。

不管你在这个时代扮演什么角色？未来已来，你将不可避免地被卷入其中！

北辰说，未来未知，未来已来。与其隔岸观火，不如身临其境。

中国跃入虚拟现实时代

过去40多年来,有不少人试图挑战虚拟现实技术,将其变成普及大众的一项技术,但各方面技术的不成熟令拓荒者未能如愿。过去的虚拟现实被认定是一种超前技术,只应用于一些特殊领域,如航天局、军队等。然而近两年,智能硬件、传感器、虚拟现实游戏等各领域取得飞速发展。硅谷投资人大胆预测,虚拟现实技术的到来,可能比我们认为的要快。甚至给出一个明确的时间:2年内,虚拟现实技术就可以民用。或许身在移动互联网时代,最好的预言家都在低估人类智能化的进程,摩尔定律似乎都已经走到尽头。

➡ 全球首家虚拟现实项目 Wasai 落地中国

近日,由北京太阳系传媒技术有限公司(以下简称"太阳系")自主研发、建立的虚拟现实商业项目 Wasai 正式落地。

Wasai 包含以下虚拟现实商业化生态:

① 哇噻 3D 沉浸式虚拟现实头盔;

② 虚拟现实游戏;

③ 周边硬设;

④ 哇塞虚拟现实体验馆。

在哇噻虚拟现实体验馆里，身临其境般的震撼游戏体验，使虚拟现实娱乐科技在中国首次变为现实，全球首家虚拟现实商业项目成功落地。

平台 内容 应用 智能硬件，虚拟现实生态呼之欲出

虚拟现实是一项高科技集成技术，综合了计算机仿真技术、人工智能、3D立体显示、人机交互、传感等技术的最新发展成果。在虚拟现实技术的作用下，用计算机生成逼真的三维视、听、嗅等感觉，人可以将自己"投射"到各种环境中。

头盔式显示器是最早的虚拟现实显示器，利用头盔显示器将人对外界的视觉、听觉封闭，引导用户产生一种身在虚拟环境中的感觉。其显示原理是左右眼屏幕分别显示左右眼的图像，人眼获取这种带有差异的信息后在脑海中产生立体感。头盔显示器作为虚拟现实的显示设备，具有小巧和封闭性强的特点，在军事训练、虚拟驾驶、虚拟城市等项目中具有广泛的应用。

无论是要求在现实世界的视场上同时看到需要的数据，还是要体验视觉图像变化时全身心投入的临场感，模拟训练、3D游戏、远程医疗和手术或者是利用红外、显微镜、电子显微镜来扩展人眼的视觉能力，虚拟现实立体头盔都得到了应用。比如在军事上，在车辆、飞机驾驶员及单兵作战时，命令传达、战场观察、地形查看、夜视系统显示、车辆和飞机的炮瞄系统等需要信息显示时都可以采用虚拟现实立体头盔。在CAD/CAM操作上，HMD使操作者可以远程查看数据，如局部数据清单、工程图纸、产品

规格等。波音公司在采用 VR 技术进行波音 777 飞机设计时,虚拟现实立体头盔就得到了应用。

虚拟现实的大风潮已经来临,但目前并没有太多面向普通用户的产品:一方面,产品不是售价昂贵就是性能不足,普通大众难以企及;另一方面,缺乏内容的填充影响了产品的使用体验,这也是虚拟现实走向广泛应用的主要障碍。

虚拟现实或颠覆万亿娱乐产业

据权威部门统计,2014 年,中国娱乐产业规模已经达到 2000 亿元人民币,预计 2016 年可以突破 1 万亿元人民币的规模,而哇塞 3D 沉浸式虚拟现实头盔的成功研制,将会使中国的娱乐行业发生颠覆式的改变。同时,哇塞产品以其一流的品质和较低的制度门槛,为中国的创业者带来又一轮的财富商机。太阳系应是国内虚拟现实领域中最具代表性的公司,将国际最先进的虚拟现实技术与最前沿的创新设计理念相结合,技术已达到国际领先水平。哇噻 3D 沉浸式虚拟现实头盔是由太阳系基于 Oculusrift 平台研发的一款头戴式显示器。戴上之后,用户看到的是一个虚拟世界,并且通过双眼视差会有很强的立体感。头盔配有陀螺仪、加速器和磁力计等惯性传感器,可以实时感知体验者的头部姿态,并对应调整显示画面的视角,110°的仿生视宽让用户在虚拟世界中获得最为逼真的视野,完全融入其中。

虚拟现实如何商业化

在虚拟现实逐渐从实验室走向商用的路上,冲在最前面的无疑是重视感官体验的游戏行业。当下,游戏行业增长速度趋于平缓,需要找到新的引爆点,虚拟现实技术的进步也将为其引领方向。当然,这样一台设备还远不足以实现对虚拟现实的远大理想,如何让其真正实现商业化,实现向大众普及的虚拟现实才是根本。哇噻虚拟现实体验馆的推出,为虚拟现实娱乐科技在中国的首次"变现"打开了丰富的想象空间。

为了普及虚拟现实娱乐方式,"哇噻虚拟现实体验馆"以超低的价格进入大众市场,创业者只须投资10余万元,就可以轻松进入虚拟现实娱乐这个前所未有的高利润行业。"哇噻虚拟现实体验馆"开创性地突破了传统商业模式对门面选址的依赖,提供了极致灵活的商业运作可能性——场地开放、空间需求小、可随商机的变化轻松变更经营场所,最小仅需10平方米空间,即可开店;最大可支撑千人同时娱乐的大型娱乐场所需求。真正实现"有人的地方就有钱赚,走哪儿赚哪儿"。

虚拟现实技术在游戏、社交、视频等多个领域的商业化前景已经得到广泛认可。伴随虚拟现实生态的成熟和多方参与者的涌入,中国的虚拟现实时代或将提前到来……

北辰说,新行业的产生总是爆品打投,生态紧随其后。

第 2 章
得大数据者得天下

- 连横活动频繁，友盟+成立
- APP 必死，下一站 H5
- 改个名字？管用吗
- 如果有机会当网红，DO IT
- 今日头条"数"从何处来

连横活动频繁，友盟+成立

移动互联网板块 2016 年年初迎来地震，友盟、CNZZ、缔元信三家公司宣布合并，共同成立新公司"友盟+"。

新成立的"友盟+"定位为第三方大数据服务提供商。阿里数据技术及产品部总监朋新宇出任"友盟+"CEO，原友盟 CEO 叶谦任"友盟+"COO，原缔元信网络数据 CEO 秦雯出任"友盟+"CMO，原 CNZZ 负责人李丹枫出任"友盟+"首席数据科学家。

连横合纵缘起于战国时期，却兴盛于移动互联网时代。优酷、土豆联姻，滴滴、快的牵手，58 同城、赶集网从相杀到相爱，百合、世纪佳缘原来才是真爱！

告别了 2015 年的大手笔连横并购，2016 年"友盟+"的成立给行业定下了基调，2016 年的连横才刚刚开始……

➡ **连横活动频发？原因几何？**

易北辰认为有三大主因。

（1）大环境已进入分久必合的时间轨道

天下大势，分久必合，合久必分。从 2010 年中国移动互联网元年到 2016

年，已跨6年。6年对于分秒必争的移动互联网时代是一个漫长的征程。一方面，移动互联网创业公司完成原始积累，跑马圈地的任务已经完成。那么下一个节点是什么？就是鸣金收兵，修养身息，精耕细作。另一方面，资本市场通过近20年的磨砺变得更加智慧，中国的创业资源需要重新得到更加有效率的配置，各占山头、各自为王、打持久战、消耗战显然不是资本愿意看到的。

（2）马太效应继续发挥作用

强者越强、弱者越弱的马太效应继续发挥作用。而在移动互联网速度的催化下愈发变得明显，当两大均势的高手对决时，细微的势能变化都会成为左右战局的转折点，而这个边界的出现是以资本的推出为界的。

当资本活跃、融资成本较低、市场处于泡沫上升期的时候，资本愿意冒险，去赌赛道上的另一匹马。但当资本收缩、融资成本变高、市场处于泡沫下沉区间的时候，资本冒险意愿下降，行业出现连横并购，以实现资源配置的更高效率。

显然，2015年夏天，股市的意外腰斩成为资本市场的转折点。失去热钱的支撑，团队抱团取暖是个不错的选择。而这样的趋势将会在2016年继续显现。

（3）连横的收益更高

天下熙熙，皆为利来。天下攘攘，皆为利往。每个可以进入到收割期的创业者都是中国土地上最聪明的一群人，独立带队，还是抱团共谋，何种方式的投资回报比更大，大家心里都有一杆秤。

从实际发生的连横案例来看，连横无疑可以获得更强的资本支撑和资源倾斜，把握更好的时间机会。从大众创业的人人名片上刻CEO，到去CEO

化，说明市场的成熟，每个创业产业的参与者，更加明晰自己在时代所处的位置！

单从"友盟+"具体的业务整合来看，这样的连横将会成为不错的模板，时代发展的必然！

之前友盟是国内移动大数据服务平台、开发者服务平台，CNZZ 是中文网站统计分析平台，缔元信网络数据则为互联网企业提供数据化解决方案。阿里巴巴刚好是三家公司的共同投资方。合并之后，"友盟+"的业务方向，据 COO 叶谦介绍称，"友盟+"会提供全域数据服务，将在数据统计、运营分析、数据决策和数据业务等四个层面展开。

现在连横的是大数据，下一站会是哪里？

北辰说，得数据者得天下。然后呢？没了！

APP必死，下一站H5

在移动星球，有云计算，因为要足够轻。下一站，不是天后，是H5。

在中关村任何一栋高大上的5A写字楼或者普通的小民房，一个个APP历经3个月或者更长的时间被开发出来，然后商务或者渠道人员依次通过中国上百个应用市场发布他们呕心沥血的杰作。

创业大军中没有人愿意错过移动互联网时代的任何一个机会。淘宝、百度、陌陌、微博是他们的偶像，纳斯达克、IPO是所有人脑海中无数次闪现的画面。

然而，一大批APP在被生产，同时一大批应用也在APP中死亡。像电影圈的独立电影，或许永远没有机会走进院线，出现在荧幕上，生命就要终结。

➡ 这样的悲壮，在APP圈亦然，且过之而无不及！

原因有三。

第一，大环境，血海竞争

2015年上半年的融资热潮，一大批的预算流入到APP推广中，在资本助力下，APP推广成本水涨船高。据互联网金融一位好友介绍，激活一个P2P类APP成本已经高达百元。竞争激烈的手机游戏、电商类面临同样的问题。

即使经过恐怖的价格战，成功进入用户手机，也不意味着相安无事，开发者同样需要面对用户手机中同类型 APP 的挑战，如果你的使用频次没有对手高，则依然面对被卸载的风险。投资圈似乎已形成一个共识，已经不看 APP 的安装量，而是日活量。

在过去几年，移动设备和平板电脑市场实现大幅增长。苹果 APP Store 和谷歌 Google Play 应用商店里应用的数量已经多得令人难以置信。如果你是一个应用开发者……好吧，祝你好运。据移动应用开发者大会(ADC)组织者本周公布的最新调查报告显示，盗版和曝光率使得移动应用很难成功。受访的近一半移动应用开发者表示，他们完全没有赚到钱。

第二，小气候，天花板效应

智能终端是有天花板的！内存运算能力、存储空间大小直接决定 APP 何去何从。

APP 数目过多，手机存储空间有限导致取舍与运行问题。国内手机内存普遍不高，装太多 APP 就会出现卡顿、死机。即使是高端旗舰机型，由于装了太多的 APP，则每个 APP 几乎都逮住一切机会给用户推送通告和广告导致拖慢运行速度、浪费流量和可能死机的风险。这些都是移动互联网时代最大的痛点！

在这些问题的围攻之下，普通智能手机不得不面临选择，就是在诸多 APP 中删除平时使用频次不高的 APP，腾挪出一定的手机空间给其他的应用。在这种情形之下，入口之争就显得非常重要。

第三，APP 天然缺陷

WP、安卓、IOS 不同移动操作系统对于 APP 的兼容性不同，这就要求开发者需要针对不同的手机系统开发不同的应用，这极大地提高了整个开发运营成本，也间接地给一些新生手机系统的发展设置了瓶颈。

由于APP的开发成本过高，许多企业，尤其是创业者会忽略掉小份额的手机系统，只针对主流系统去开发应用，最终导致手机系统和应用的两极分化。针对系统的倾斜又会让开发者失去其他系统的市场份额。对手机系统和开发者来说是双输局面。除跨平台应用的限制之外，还有手机分辨率的限制。市场上安卓手机的分辨率多种多样不一而足，令应用开发者非常头疼。不少用户反映，大屏手机的应用就是个放大版，整个用户体验非常差。

问题来了，如何破局？

每个时代的玩法是根据领先者决定的！微软将比尔·盖茨送上世界首富的宝座之后，20世纪90年代世界的所有创业者几乎都有一个梦想就是成为软件工程师，开发一款极好的软件，纵横商界。然后雅虎出现了，世界进入了WEB时代，所有创业者的梦想开始转变了！拥有一个自己的网站，成为一枚站长是梦寐以求的事情。

移动互联网时代的进化路径与PC互联网时代惊人相似。手机桌面上的APP不就是PC时代的软件么？那么谁是移动互联网时代的WEB呢？就是H5站点。按照历史给出的时间节点，2015年APP遇瓶颈，2016年H5站将迎来最大规模的爆发！H5技术最初立项时的名字就是"Web Application 1.0"，从立项之初，H5就已经将应用技术加入了内核之中。有人说，这种技术或许可以将移动互联网带回到浏览器时代。也就是说，用户不需要再安装一堆APP应用了，而是像PC时代一样，直接通过浏览器去登录。2010年，Ethan Marcotte提出了"自适应网页设计"这个概念。这个概念的提出是针对过去不同的屏幕大小尺寸而提出的，意思是"一次设计，普遍适用"。这个概念从根本上解决了屏幕尺寸不一致而造成的应用不匹配问题。结合H5技术就可以实现网页的跨平台运行。

在大趋势面前，入口型和平台型企业已经察觉到这种变化，通过一些努力正在让这个生态变得健全。百度发布了两条标准以顺应这样的形势。

第一、《百度搜索 Mobile Friendly（移动友好度）标准 V1.0》

当用户在手机上点按百度搜索结果时，除了搜索结果对需求的满足程度外，搜索结果的加载时间、页面浏览体验、资源或功能的易用性、页面是否符合移动端适配等都影响移动用户体验的满意度。百度帮助移动用户获得更好的移动页浏览体验，移动友好度是一个重要的评价因子。这份标准旨在告诉广大站长，怎样的移动页是受用户欢迎的，不仅针对搜索引擎，百度更鼓励站长从用户角度来建设 H5 网页。

第二、《百度 APP 调起 SDK 详细设计标准》

百度 APP 调起 SDK 详细设计标准发布，旨在打破 APP 和 Html5 的边界，通过发布 APPLink 这个产品依据用户的访问情况，帮助用户加载网站的 H5 页面，或是直接调起 APP 满足用户需求，帮助用户解决移动应用市场 APP 种类庞大、用户对 APP 越来越挑剔、下载欲望越来越小的问题。对于 APP 开发者，APPLink 通过免费提供应用分发的策略，帮助开发者降低 APP 的推广成本，扩大 APP 覆盖量，更方便、更精准地获取用户。

但是依靠百度和新型标准远远不够，H5 是自适应的全新移动互联网生态，需要更多的生态参与者参与其间。未来的移动生态将向怎样的路径去发展，需要所有的生态参与者一起摸索与践行……

北辰说，APP 改变了生活，改变了世界，然后呢？再见。

小步快跑，快速迭代，是移动星球的基本法则。像那什么？万有引力。

改个名字？管用吗

移动星球，互联网+异常火爆，许多传统企业进行转型升级的第一步却是更名，这是为什么呢？

互联网+正火的时候，民间有个故事：说一家快倒闭的养鸡场，经营不善，面临倒闭，请大师解困，大师的锦囊虽然昂贵，但却简单奏效。锦囊里写的什么呢？两个字"改名"。鸡场主心生一计，于是更名为某某互联网养鸡场。果然，换名如换将，股价蒸蒸日上，企业脱困！

这一笑话，内容取材是否真实，无从考证。但有一事是真的，就是当下互联网+的火爆。反观现实，还真有一批企业正在更名。易北辰认为这是企业升级进化的路径，是必答题，而不是选择题！

伴随80后一代长大的动漫《宠物小精灵》，萌宠们随着阅历的提升、能力的提升逐步进化，从加鲁鲁进化成兽人加鲁鲁。天地万物，所有的生物演变大致也是这一套法则，企业作为社会经济中的重要参与物种，进化是情理之中。

对于更名一事，于情于理，从易北辰个人角度来讲，都是极大的支持的。

那么在什么阶段要更名？为什么更名？如何更名？

易北辰今天总结两大案例给予读者参考，他山之石，可以攻玉。

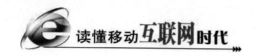

（1）苏宁电器不叫苏宁电器，改叫苏宁云商

苏宁的更名验证了题头的小故事，更名当日股价上涨 3%。

2013 年 3 月 22 日，公司证券简称由"苏宁电器"变更为"苏宁云商"。公司证券代码不变。更名后，苏宁云商股价高开高走，上涨 3.21%，报 6.76 元，换手率为 0.81%。

为什么更名？苏宁给出的理由很简单：经过多年的经营积累与转型探索，苏宁的云服务模式进一步深化，逐步探索出线上线下多渠道融合、全品类经营、开放平台服务的业务形态，未来苏宁的发展将转变为"店商+电商+零售服务商"的全新"云商"模式。随着企业经营形态的变化，公司名称也需要与企业未来的经营范围和商业模式相适应，故决定对公司名称及证券简称进行变更。

苏宁创办于 1990 年 12 月 26 日，经营商品涵盖传统家电、消费电子、百货、日用品、图书、虚拟产品等综合品类，线下拥有实体门店 1600 多家，线上拥有苏宁易购 B2C 平台。

更名后的苏宁的确水涨船高，动作不断。2015 年 8 月 10 日，苏宁引入阿里巴巴集团 283 亿元人民币的投资。阿里巴巴集团入股后，占发行后总股本的 19.99%，成为苏宁云商的第二大股东。

2015 年 12 月 21 日，全面接手原江苏国信舜天足球俱乐部，学许家印也玩足球。

2015 年 12 月 31 日，临近跨年的最后一天，努比亚与苏宁共同发布公告，苏宁宣布以 19.3 亿元人民币投资努比亚，占股 33.3%，为 2016 年决战移动互联网加码。

好吧，改名这件事，信则有，不信则无。苏宁是一个奇葩的个案，是否具备复制价值，需要时间来检验！

▶ （2）王府井百货已成过去式，现在进行时是王府井（注意：是去掉了百货两字）

王府井改名也不是一时兴起，可谓酝酿有些时日，本来传统零售步子迈得就慢，而在移动互联网摧枯拉朽的气势下，传统巨兽也表现出了凌厉的血性。周鸿祎的互联网转型理论是欲练此功，必先自宫。王府井深谙精髓，干脆把百货两个字先自宫掉吧。

2016年1月4日消息，王府井百货发布公司更名公告称，为更好地体现公司战略发展布局，公司拟变更名称，由原"北京王府井百货（集团）股份有限公司"变更为"王府井集团股份有限公司"。

为什么去掉百货二字？

王府井表示，是为了更好地实施公司转型升级的发展战略，购物中心项目建设代表了公司经营业态的主要发展方向，O2O全渠道项目则有利于促进王府井在互联网时代的战略转型。

换言之，王府井将从单一的百货业态进化成涵盖百货、购物中心、奥特莱斯、超市、线上零售平台等综合业态的新型商业。

在传统百货行业受电子商务冲击的背景下，北京王府井百货集团（下称"王府井百货"）拟募资30亿元人民币在全国布局购物中心业态，同时，还将投资O2O全渠道项目。根据方案，王府井百货O2O全渠道项目总投资4.57亿元人民币，拟投入募集资金1.64亿元人民币，项目计划力争用三年时间，到2018年底使公司O2O全渠道的核心平台完全上线并投入使用。

　　实践是检验真理的唯一标准。更名这一事，是好是坏，还要用时间来回答。三到五年是不错的验收节点。希望到时候，还有读者来这里，报个信，给个答复……先拜谢……

　　北辰说，做点什么总是好的，这叫什么？大约叫试错。

如果有机会当网红，DO IT

在移动星球，网红代表什么？有粉丝？粉丝前边提过是什么呢？硬货币！好吧，我也想当一枚安静的网红。

2015年12月20日，在日本横滨看巴萨对阵南美劲旅河床；2015年12月26日，在银川吃大羊杂；2016年1月2日，在深圳遛弯；2016年1月3日，在三亚晒太阳。

退休后的史玉柱，自在潇洒，喝白酒、吃羊杂、看足球、晒太阳，很少在财经、科技媒体跟年轻人抢头条，但安静的生活依然掩盖不了史玉柱的另一个身份——网红！没错，就是网红！史玉柱新浪微博776万粉丝，退休后，每一条微博平均转发、评论、点赞轻松过千。

这个世界不怕别人比你有财，不怕别人比你有闲，就怕别人比你有钱、有闲、还有粉丝。史玉柱每一次全国各地遛弯都吸引了无数粉丝的关注，比起某位在英国喂鸽子的影帝一点不逊色。

史玉柱和马云很早就商量好一起退休，等史玉柱在外边溜达一圈后才发现上当了，马云退而不休，退了，不但没有休，反而比以前更忙了。去香港买报社、去广州买球队，全球购物不亦乐乎。

史玉柱越想越不对，马云你到处买买买，我也总得找点事干，干什么

呢？干有钱有闲有才有粉老男人最擅长的事——游戏，世面上的游戏都不好玩，怎么办？自己做！

于是有了下文：史玉柱出山！

北京时间 2016 年 1 月 4 日消息，自 2013 年 4 月史玉柱从巨人网络退休，时隔 32 个月，巨人网络董事长史玉柱对外确认已回归巨人上班，史玉柱此役出山的目的是带领巨人研发精品手游，管理业务交由公司总裁刘伟。

巨人网络内部也发布全新组织架构和高管任命，史玉柱出任董事长，刘伟出任总裁，其他研发高管出任各研发工作室负责人。

作为一枚资深网民，史玉柱玩转话题的功夫自然不在话下。史玉柱通过微博宣布两件事：

"今天我到巨人网络上班了。做了两件事：

① 决定给研发人员加工资，平均幅度为 50%；

② 研发项目的立项、管理、激励等流程，重新构造，"今晚巨人网络的年会上，当着 2000 多名员工，我说，公司唯一的出路是研发出精品游戏。谁研发出精品，公司就给该项目责任人发奖金、发股票，使你身价过亿。如果公司奖励没过亿，我个人给你补齐。"

业界看来，史玉柱此举是顺应"聚焦研发、精品战略"的公司战略及扁平化管理的需求，最受关注的史玉柱变身产品经理，回归一线研发，亲自抓手游研发工作。

在不久前的巨人网络公司年会中，史玉柱坦言，自 2007 年公司在纽交所上市后，他管得越来越少。2013 年辞去 CEO 职务后，更不怎么管公司。

"我就这样玩了六七年,这几年主要忙着交朋友,我在各行各业交到特别多的朋友。"史玉柱选择这个时间节点回归,是因巨人已完成美国退市并进入在国内上市的流程。此前他曾在员工大会上表示,"巨人需要进行自我体检,以更强健体魄接受更严苛的中国股民检验。"

作为一枚老将,史玉柱重新披挂上阵,最重要的是归零心态。而作为一枚产品经理,最终还是要靠作品说话,作为一枚普通的消费者和玩家,只有静静等候史玉柱牌精品手游问世,一起接受市场的检验!

北辰说,当一枚安静的网红吧,如果有机会的话。

今日头条"数"从何处来

2015年7月初,今日头条在南京对外公布了《今日头条算数,手机终端大数据报告》,细数了苹果、三星、联想、华为、HTC等不同手机品牌的用户对各领域资讯的偏好,手机用户使用今日头条获取新闻资讯过程中的"蛛丝马迹"来了一次"深浅"。

今日头条发布的大数据报告揭露了手机行业哪些秘密?"数"从何处来?

➡ 大数据揭手机行业面纱

"使用苹果手机的用户更关心汽车资讯;使用三星手机的用户更爱阅读国际新闻;使用联想手机的用户对赵本山更感兴趣;使用努比亚、华为、HTC手机的用户最关心股市;广东人最关注智能设备;晚上10点至11点是手机资讯类分享的最高时段……"。这不是段子,而是今日头条此次发布报告中的大数据分析结果。

虽然关于大数据及基于大数据而发布的行业报告并不少见,但新媒体资讯推送平台通过挖掘人们浏览、消费、分享资讯的行为而出具的大数据报告却是难得一见。

在这份报告中，今日头条还根据头条用户安装的手机应用情况，对用户的兴趣爱好进行了全面扫描。其中，"安装量排在前十的 APP 分别是微信、QQ、淘宝、支付宝、UC 浏览器、百度地图、爱奇艺、美团、搜狗输入法、酷狗音乐。"根据阅读习惯来看，目前的手机用户最为感兴趣的是娱乐和社会新闻，其次则是汽车、本地生活、时尚资讯、国际新闻、健康、金融、科技等多个领域。

除此以外，会上还发布了其他多项数据报告，涵盖手机用户整体数据、手机用户数据画像、厂商品牌关注度趋势及手机与大明星等多个维度，全方位展示了今日头条 2.7 亿用户使用手机的品牌型号、阅读行为、数据标签等真实信息。

➡ "数"从何处来

事实上，与这些报告相比更为值得关注的是，这些有趣的报告到底是怎么来的？

作为一款基于数据挖掘技术的推荐引擎产品，今日头条是国内移动互联网领域成长最快的产品服务之一。虽然目前提供的是以新闻资讯为主的信息聚合和分享互动平台，但今日头条却不是编辑驱动的传统资讯网站。换言之，与其说今日头条是一家新媒体，不如说是一家搜索引擎或者说推荐引擎公司。

这就为今日头条为什么一连多次发布行业大数据报告提供了注脚。正是因为其不是一家传统的新媒体，而是技术领先的推荐引擎平台，因此今日头条具备大数据分析挖掘的技术实力。与此同时，作为拥有 2.7 亿累计下载用户、超过 2500 万日活跃用户的资讯类应用，今日头条又有着足够的用户量和用户行为来形成庞大的用户行为数据库，进而为其收集、挖掘、分析用户行为提供了可能。

用今日头条官方的说法来解释就是,包括此次《手机终端大数据报告》在内的"算数"系列活动,是基于今日头条的庞大用户数据为样本,进行年龄、性别、阅读时间、用户喜好、地区分布、用户收藏、转发等各个维度的统计,从有趣的维度去挖掘分析而来。

推荐引擎的价值所在

即便是现在,说起今日头条,人们还是免不了将其与网易、搜狐、腾讯等公司的新闻客户端相提并论。的确,从需求的满足上看,今日头条和这些门户的新闻客户端相差无几。但如果只是这样,今日头条能火到现在理由还不充分。

其实,今日头条与这些新闻客户端存在质的不同。后者均为传统互联网新闻媒体的"移动版",虽然也强调个性化阅读,但仅此而已。而今日头条提供新闻资讯的阅读和交互只是其表面功夫,真正的内功在于,今日头条能在用户看新闻的同时也在看用户。换言之,用户在今日头条浏览了什么,用什么终端浏览的,评论了什么,分享和收藏了什么,今日头条都更为注重这些用户的"蛛丝马迹",进而为用户提供基于兴趣和偏好的个性化新闻资讯,确保向用户的推送是精准的,基于兴趣的有技术含量的推送。而这正是今日头条作为推荐引擎的价值所在。

显而易见的是,这种基于大数据的推荐能力,不仅可以用来推送新闻资讯,更有包括商业化变现在内的更多潜力。

北辰说,数从用户来,再到用户去。

第 3 章
智慧星球

- 智慧家庭人口在 2016 年将迎来爆发
- 跨个界吧
- 在移动星球,粗粮和花,你不要忽视
- 一定要软硬结合　YunOS 知道
- 做大做强就真的一定要么

智慧家庭人口在 2016 年将迎来爆发

在移动星球，要相信智慧。

➡ 智慧城市初露端倪

2015 年 12 月，世界互联网大会，全世界的目光都集中在一座穿越千年的古镇。一年前，世界互联网大会会址落地乌镇。乌镇这个江南小镇驶上了比特的高速公路，一座千年水乡古镇在互联网的雨露阳光滋养下转型蜕变。一年后，再次探访乌镇时，这里已吞吐着互联网的新锐之气。

互联网带来的红利渗透到民间，革新了人们以往的生活方式。乌镇老人的儿女们可通过"远程设备"询问父母身体状况。乌镇全国首个互联网医院可开处方、可送药，酒店餐厅"电子钱包"全覆盖，景区无线信号全覆盖。智慧城市就是要通过互联网和物联网等先进技术为市民带来更好的生活方式。乌镇智慧生活已初露端倪。

➡ 智慧家庭是智慧城市的核心细胞

家庭是社会的细胞。智慧城市的发展脱离了智慧家庭的基础和支撑，一切构想都是不成立的。

2015年6月，随着国务院《"互联网+"步履指点定见》的出台，酝酿已久的"互联网+战谋"正式落地。《指点定见》明确了推动"互联网+"增进电子商务、工业互联网和互联网金融健康成长的要求，智能生活蓄势待发。

据智能家电产业联盟的数据显示，2015年预计将有1000万家庭用户享受到海尔U+智慧生活，到2018年这一数字将达到1亿。也就是说，在2015年将有超过1000万台物联网家电接入。尼尔森数据展望，到2015年末，中国将有30%的家庭选择智能家电。

海尔家电产业集团CTO副总裁赵峰介绍，海尔U+平台上每天设备上报数据超过1亿条，已接入产品数量超过百万级别，接入产品品类超过100多。

智慧场景是智慧生活的"交通枢纽"

智能化、移动化和场景化是智慧家庭的三大趋势。用户、智慧场景、资源是智慧家庭的三大关键因素。

万物互联是一个智能的生态系统，不是单一的物物连接、人人连接、人物连接。打通与生态系统各方核心能力的关系，通过连接的方法，将硬件、软件、内容、服务完成关联，是一次具有重要意义的智慧生活革命。

智能家庭关注度颇高，近95%的受访者高度关注健康、便捷、高效的"智能场景"。在逐渐拓宽的产品边界，聚焦用户需求才是准则。资源入口不再是争夺用户的唯一手段，随着全球资源的整合，用户和网器、入口、智慧场景间交互快速迭代，场景关联大数据和互联工厂进一步优化，一切都在轰轰烈烈地发生，核心在于通过互联网的手段对用户需求的洞察和满足。

智能场景一端连接海量用户，一端连接资源，从始至终，用户需求与商业链条迭代共生循环。

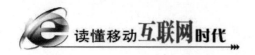

集合云计算、大数据等技术为用户提供洗护、用水、空气、美食、健康、安全、娱乐等智慧生活场景解决方案。

例如,空气生态圈与手机、微信、天气、医生等合作完善空调的云平台服务;美食生态圈提供美食、健康、冷链等服务和交互式体验;洗护生态圈整合衣物、洗护用品等建立专业数据库为用户提供整套解决方案;用水生态圈拥有智控水系统,控制家居燃水器。

我们可以幻想一个应用场景就是,下班回家前,家中热水器已经自动启动,空调调到最适宜的温度,冰箱已经准备好晚餐的食谱,电视也播放自己最喜欢的节目,回到家,就只有一个感觉萦绕心间:舒适。

明星产品是智慧家庭的起点和入口

所有的智慧家庭用户都是智慧世界的移民。如何让习惯了几十年传统家电的用户移民变为智慧家庭的用户?

这是个超越春运人口迁徙的巨大工程,而这个工程将在未来10年内完成。

什么是这个无比庞大工程的切入点?答案就是:现象级的明星家电产品。

现象级的明星家电产品是传统世界用户踏入智慧世界的第一个接触点。

它必须足够强大,足够性感,足够方便,足够好用,足够击中用户刚需,足够高频与用户互动。

没有标准答案,从行业观察,海尔在2015交出的答卷已经足够吸引眼球。

(1)海尔馨厨冰箱

用户可以与冰箱进行"对话",可以向冰箱询问天气、询问菜谱,可以通过冰箱直接在电商平台进行购物。海尔馨厨冰箱将影音娱乐、生活资讯、网络交互等多方资源进行整合,用户不仅可以在厨房做饭,还可以进行"追剧",通过与爱奇艺、豆果网、苏宁易购等多家企业合作,为用户搭建起全方位服务生态圈,改变以往厨房给人的单调感,通过豆果网,可以秒变美食达人,通过苏宁易购,可以享受一键下单等快速服务,很方便就能买到家庭中需要的家电等。

(2)魔镜

海尔为人们描述的智慧浴室是这样的:清晨,走进智慧浴室,"魔镜"会自动推送当天的天气变化信息,提示消费者规划当天的出行及着装;下班回家,"魔镜"开始检测室内环境,根据分析结果调整室内灯光照明和室温等,为消费者提供最适宜的居家环境;睡前,准备用水洗澡时,"魔镜"能从水温、水量、舒适度、节能度等四个方面设定沐浴模式,觉得无聊可以听音乐、看电影,对体重不满意,可以根据详细的脂肪分析找到最有效的减肥方法。

智慧生活正在以前所未有的速度颠覆传统生活。这是一场前所未有的技术革命,也是一场声势浩大的人口大迁徙。有人质疑它、有人嘲讽它、有人支持它、声援它,不管外界声音如何,我们已经无法忽视它对当下的改变。每个阅读本文屏幕前的读者只需要静静地接触它,感受它,感受它带来的惊喜抑或是初生的稚嫩。

北辰说,知识易得,智慧难求。因为难,才弥足珍贵。

跨个界吧

在移动星球，无界才是真界，都来跨个界吧。找个王妃。

世界是平的！

再过 5 年、10 年，再也没有互联网企业、传统企业、手机企业、娱乐企业之分，所有的企业都只有一个名字：时代的企业！

当互联网像水和电一样连接千万人、连接千万物、连接千万组织、连接大千世界，当没有人再去谈论互联网要颠覆什么？我想这才是真正的互联网。时间还没有那般神速到达未来的时间维度，但通过一线企业的言谈举止、行为活动，我们发现，世界不但是平的，还是湿的，所有的企业组织以人格的形式、以价值观为基础，互相关注，互相点赞。

过去，在营销层面，我们习惯称之为跨界！在生物层面，我们习惯称之为进化！在产业层面，我们习惯称之为融合！在北京的文艺中心 798，360 手机正式宣布王凯成为代言人。对于这样的结果，北辰并不感到意外，因为在更早的时间，360 手机就对媒体放出了王凯手持 360 手机的性感海报。

➡ 这几年手机厂商的发布会发生了一些变化

1.0 时代：背参数、跑分、黑苹果。

2.0 时代：说相声、跑分、黑苹果。

3.0 时代：演唱会、聊情怀、黑苹果。

4.0 时代：音乐会、说段子、聊情怀。

5.0 时代：Party、Party、Party。

变化的背后有几大原因：

① 苹果行业老大地位，要么对标苹果，要么比附苹果，总是不会错的。

② 我说你听，传统的单向传播不再适用，粉丝经济时代需要互动，相声模式诞生。

③ 硬件配置已经不相伯仲，情感跟随，价值认同成为行业主旋律。

④ 发布会已经不是单纯的产品发布，渐发展成粉丝的狂欢节。

⑤ 一场盛大的发布，是一场盛大的狂欢，是一个粉丝们自己的节日。

世界在变，因为世界人口结构变了：

① 最大的 90 后已经 26 岁，最大的 00 后已经 16 岁。

② 90 后、00 后是移动互联网时代最大规模化消费的需求来源。

③ 买房、买车、买手机对于 90 后、00 后都是第一次，且是刚需！

④ 明星不是明星，是 90 后、00 后在舞台上的影子，他们奋斗代表自己的奋斗，他们成功代表自己未来的成功。明星即是他们，他们是未来的明星。他们用追星表达着对这个世界的看法。

⑤ 90 后、00 后是移动互联网世界的活跃用户，他们产生的数据量远超 80 后、70 后、60 后。

360手机牵手王凯是明智之举：

① 王凯的女粉丝叫王妃，王凯是王，360手机想做手机的王。

② 王凯的2016年关键词是"拍、拍、拍"，拍戏的拍，不是啪啪啪。360手机2016年定的基调是"机、机、机"，搞机的机，不是搞基的基。

③ 世界是一个圈，圈子人想出去，圈外人想进来。360手机要走出科技圈，走向国民品牌，王凯要走进互联网圈，因为互联网才是未来。王凯有取代王思聪成为新一任国民老公的趋势，国民二字刚好是360手机需要的。

④ 颜值等于估值！360手机极客版采用航空镁铝合金打造的全金属机身，屏幕采用夏普提供的6英寸2K屏幕，屏占比为83%，2.5D弧面玻璃，机身背面也采用了弧度设计，更贴合手部曲线。语带双关，360手机颜值需要借助一位同样高颜值的男神，带出品牌内涵。王凯无疑是不二人选。

⑤ 发布会来了许多时尚、娱乐媒体，科技头条已成红海，时尚、娱乐版头条将成未来搞机厂商兵家必争之地！

最后一句了：还没跨界的，赶紧的吧！

北辰说，跨个界吧，约吗？

第3章 智慧星球

在移动星球，粗粮和花，你不要忽视

2015年，手机江湖的战事收官，华为以2015年出货量破一亿的成绩豪取手机江湖武林盟主之位。小米遗憾屈居第二。不到终点，难分高下。华为和小米的决斗如同西门吹雪和叶孤城决战紫禁之巅，精彩绝伦。

从2010到2015年5年的时间维度来看，小米低调起航，一路高歌猛进，"专注、极致、口碑、快"加参与感的打法一度领先传统通信终端厂商几个身位。2013年之后，华为中途发力，融合产业链、渠道优势、全球市场，加上快速学习互联网打法，真金白银请明星大咖和粉丝诚意互动，快速吸收一大批花粉（华为粉丝的称谓）。2015年，华为依旧剑气凌厉，攻势正劲！而连续快速奔袭5年的小米，明显体力不支，进入过渡和休养期。

2015年，华为以半个身位的优势挤掉小米，拿下冠军，然后高手对决，胜负往往不是对手有多强，而是谁犯的错误少。这场拉锯战还未见高下，如果是7场4胜制的NBA总决赛，2016年的手机霸主之争无疑是最具看点的抢七大战，大战一触即发。而巧合的是，同样生于1969年的华为余承东和小米雷总将统帅三军，会师2016！

自媒体易北辰从当下产品层面曝光进度：2016年3月，华为P9与小米5的关键战役，或是决定战局的分水岭！

前哨先来看看华为的一招 P9 和小米酝酿多时的小米 5 都蕴涵着哪些能量?

华为方面:

华为 2015 年发布的华为 P8、Mate8 赢得了不错的口碑。华为消费者终端统帅余承东 2016 年元旦也没闲着,此时应该正在备战美国 CES,在微博透露华为将在 CES2016 大会上展示重磅新品。根据之前的一系列传闻,其中的新品之一很可能就是华为 P9 手机。业内人士猜测,华为新品将会配备双摄像头和 6GB 内存,今年将押宝双摄像头和某神秘工艺,目前市面上的顶级旗舰机也只内置 4GB 运行内存。如果华为 P9 一下飙升到 6GB,那么市场上又会激起什么浪花?

从多方资料来看,华为 P9 可能将采用 5.2 英寸的 1080p 屏幕,搭载麒麟 950 处理器,配备 1300 万像素后置摄像头,分别负责黑白和彩色画面的捕捉,传感器也依然是索尼 IMX2X6。设计上,华为 P9 采用 2.5D 弧形边框和 USB Type-C 接口,并拥有白色和金色两种配色。华为 P9 也会加入如今非常流行的指纹识别模块,并也会放置在手机背面。

小米方面:

大招临近发布,小米 5 手机开始在网络上躁动起来。从微博上泄露所谓的小米 5 真机渲染图,小米 5 可能引入 2.5D 弧形玻璃,在触控屏下方拥有较为狭小的 home 键,机身四角的过渡比较圆润,并提供了黑色、银色、金色和粉色四种色彩款式选择。功能方面,无疑是指纹识别如何实现最受关注。虽然按照此前曝光的小米专利来看,似乎有可能在触控屏上整合识别模块,但也有消息称,小米 5 手机的指纹识别功能将会采用 FPC 识别方案,通过物理按键进行操作,轻触为 home 主页,按下触发指纹识别功能。

小米 5 手机传闻将搭载 Android 6.0 系统和骁龙 820 处理器，所配的触控屏尺寸则为 5.2 英寸左右，但到底是 2K 分辨率还是 1080p 尚存争议。而除了拥有 4GB RAM+64GB ROM 的存储组合之外，据称该机还会搭载 800 万像素前置镜头和 1600 万像素主摄像头，并且后者还会采用索尼 IMX300 传感器。同时，该机将会采用全新 Type-C 接口也得到了证实，并曝光疑似小米 5 充电器显示将支持高通 QC3.0 技术，能够在大约 35 分钟的时间内将一部手机零电量充电至 80%。

2016 年华为和小米之争，将是手机江湖重头大戏。是华为乘胜追击，还是小米强势反补？

你将为谁擂鼓呐喊？

北辰说，小学课本说的没错，局部战争是永远的主题。

一定要软硬结合　YunOS知道

在移动星球，要软硬兼施，如果YUN知道。

手机操作系统长期以来被iOS和Android两分天下，也由此形成了iOS的封闭生态和Android相对开放的两种生态环境。但是对手机市场而言，前者的封闭生态注定了iOS一枝独秀，不可能有其他手机厂商来分一杯羹。而Android系统虽然背倚Google，是开源操作系统，但是由于其赋予手机厂商的底层权限不足，使得厂商在打造手机产品的过程中，不得不下大力气尽可能地研发底层ROM。这也才有了MIUI、Flyme这些ROM推动手机硬件热卖的现象。

不过，再底层的ROM也"逃脱"不了Android的"魔掌"，尤其是在Android漏洞频出、续航能力较弱、缺乏云端存储支持、缺少本地化服务需求满足等方面，制约了手机厂商们"大展拳脚"。

另一个值得注意的问题，正是由于市场上现有的操作系统由封闭的iOS和开源的Android两分天下，也导致了Android阵营的手机产品同质化现象严重，彼此之间的竞争只能从价格、硬件配置等方面展开。

在这种情况下，实际上，手机市场是需要有"第三种人"来打破这一僵局的。此前，业界曾寄望于微软的WP移动操作系统能打破这种僵局，但由于WP移动操作系统对Android应用并不兼容，而自身的应用生态又难以得到建立，使得 WP 系统目前的处境形同鸡肋。

不过，另一位"第三种人"正彰显出打破两分天下的实力，那就是阿里旗下的 YunOS。

激活量只是一个数字，但这个数字意味着未来

在 2015 年 12 月 10 日主题为"有点大不同"的 YunOS 年度版本发布会上，最新披露的 YunOS 激活量已经超过 3000 万，这一激活量已经从事实上超过了微软 WP 移动操作系统的激活量（据有关数据表明，微软 WP 移动操作系统的出货量约为 3000 万）。

从激活量上来看，随着 YunOS 的激活量超过 WP 移动操作系统，YunOS 实际上已经成为继 Android、iOS 之后的第三大移动操作系统。

尽管激活量本身只是一个数字，但是 YunOS 成为第三大操作系统的事实却具有里程碑意义，意味着手机市场中惨烈厮杀的手机厂商们将迎来除 Android 之外的新的选择。这对于打破 Android 阵营手机市场同质化竞争的局面，让手机厂商凭借 YunOS 上位成为可能。

由于 YunOS 是基于 linux 的底层操作系统，同时又是鲜见的兼容 Androidapk 应用格式的移动操作系统，因此对于手机厂商而言，意味着能实现从 Android 到 YunOS 的无缝迁移，这对手机厂商而言，特别是像魅族、小辣椒这样的厂商来说，相当于瞬间拥有了一个品牌"加速器"，在阿里品牌的"庇护"下，在 YunOS 底层系统的助力下，有突破同质化重围、实现差异化竞争的可能。

拆解 YunOS 的"四大"

作为魅族的年度压轴之作，魅蓝 metal 上市后，在千元机市场的表现极

为抢眼，短时间内就实现了预约量破千万，在双 11 活动期间，在短短的 6 分 28 秒成交额破亿，力压华为和小米。魅蓝 metal 创造销量奇迹的很大一部分原因，便在于其采用了基于 YunOS 为内核的 Flyme 系统（Flyme5.1 powered by YunOS）。虽然与 Android 内核的 Flyme 系统在整体感觉上几乎没有任何区别，但是却能为该款手机带来大的销量。除了天猫平台对该款手机的"鼎力相助"外，更为主要的原因在于 YunOS 有着 Android 系统所不具备的几个优势。

其一，Android 系统本身不提供云服务。换言之，用户使用 Android 手机若想把照片等文件备份到云端，需要手机厂商自己来提供云储存支持。这就意味着手机厂商要面临巨大的服务器成本和运维压力。有公开消息显示，小米在前一阶段停止了对用户相册空间的增长，其原因正是云端存储空间的成本过高，无法承受。

YunOS 背倚阿里，阿里的云服务、云存储能力是全球领先的，在这一基础上，YunOS 作为底层操作系统，其一大创举是从底层提供包括云相册备份在内的云服务。这对于降低手机厂商运维成本、提高手机竞争力、提升用户体验来说，自然是好事一桩，也是 YunOS 的核心优势之一。

其二，Android 系统的安全问题一直为人诟病，因为其在全球范围内的广开源，使得其漏洞一如 PC 操作系统中的 Windows，始终难以解决因漏洞引发的安全问题。而阿里的 YunOS，因为是与 iOS、Android 并列的底层操作系统，凭借阿里的电商和支付基因，其在安全上的优势自不必多说。

其三，当下手机已经成为人们的贴身"器官"，移动互联网时代的全面到来，带来的是人们生活方式的全面移动化。比如，人们的衣食住行、吃喝玩乐已经统统离不开手机。而在 Android 操作系统下，手机用户需要逐个安装相应的生活服务 APP 方才能实现这些生活服务需求。

而由于阿里拥有为用户提供一站式全方位生活服务需求的解决方案，因此能将各种生活服务场景整合起来，以系统底层的形式来为用户提供服务，这不仅免去了用户逐一安装 APP 的麻烦，而且对采取 YunOS 操作系统的手机厂商而言，也能增强其与 Android 手机竞争的差异化能力。

可以说，魅蓝 metal 的大销量证明了 YunOS 的火爆，而 YunOS 天生的安全基因、云服务能力和场景大整合能力，则让 YunOS 以底层的姿态站到了用户的前台，对手机厂商和用户而言都是一大利好。

▶ YunOS 推动手机市场三分天下

综上来看，由于 YunOS 能为手机厂商提供从底层到前端的全方位支持，随着魅蓝 metal 等搭载 YunOS 手机产品的热销，YunOS 的优势正充分释放出来，为手机厂商和用户所认知和认可。

在这种情况下，就很有可能发生一系列的连锁反应，即会有越来越多的"魅族"站队 YunOS，也会有越来越多的用户倾向于选择搭载了 YunOS 的手机。

由此则很有可能会快速形成一种 YunOS 生态效应，尤其是随着 YunOS 年度版本的发布，加上越来越多手机厂商的站队，YunOS 生态将成为继 iOS 生态、Android 生态之后的全球移动操作系统的第三大生态。随着这一生态的形成，YunOS 有望推动未来的手机市场三分天下，打破 iOS、Android 两分天下的长期格局，带来底层 OS 三足鼎立的可能。

北辰说，马云说要有云，于是有了 YunOS。

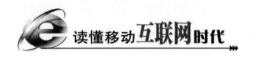

做大做强就真的一定要么

在移动星球，小而美是标准身材，大而强，好吧，偶尔出现还好。

出任 CEO、赢取白富美、走上人生巅峰是每个人的梦想。"大众创业、万众创新"的口号自从中关村卖光盘的都耳熟能详之后，出任 CEO 已经不是难事。但是万万没想到，人生巅峰的第二境界难倒无数英雄汉。

北辰生活在北京中关村，就以北京为例，迎娶白富美，你得有爱巢吧，座驾也是不能少的吧。即使各位思想层面已经和北辰一样极客，出门可以打易到专车，200 块以内随便拿下奔驰、宝马，但是对中国房地产有突出贡献的丈母娘是万万不会答应的吧！

痛点有了？有药吗？

有！中关村不管从屌丝到精英，达成了一致共识，就是上市！

过去，拿了美元基金投资，搭起了 VIE 结构的公司，要么纳斯达克，要么纽交所。对于缺少海归的土鳖创业公司，创始人一边创业，一边还得学英语，万一上市了呢，在纳斯达克，对着全球投资人，总得飙两句正宗华尔街腔的英语吧。看京东上市，东哥那拿着纸条正宗的宿迁英语，你也得加把劲吧。对了，人家还有清华大学、哥伦比亚的正宗陪练，没有的，自觉找 SIRI 聊吧。

BUT，现在环境变了，中国资本外赴硅谷，美元资金不再吃香，VIE结构，能拆的都尽早拆。目标只有一个，直指新三板！新三板难上吗？非也！举个例子。

2015年12月1日，虎嗅科技在新三板挂牌上市。虎嗅是家什么公司？

资料显示，虎嗅科技公司成立于2012年，主营业务是科技及互联网相关领域精品资讯整合发布及线上、线下营销服务。截至2015年7月31日，公司网站注册用户数为135.42万名，外部作者为2157名，微信公众号订阅用户为64.08万名，公司共有员工50人；公司主营业务收入由网络广告(广告发布)、线下活动、整合营销服务收入构成。

数据显示，2013年至2015年1～3月，公司实现营业收入分别为349.91万元、925.78万元、564.77万元，净利润分别为19.06万元、65.65万元、78.39万元。

这里注意几个数据，2013年到2014年完整财年，公司营收不超过1000万，净利润不超过70万。好多读者创办的公司，财务数据远超虎嗅。那么马上上市，实现财务自由，赢取白富美吗？

其实不然，上市并不意味着成功，反而意味着挑战的开始！

挑战一，股票变现先熬够时间

从财务自由层面，先看两条游戏规则：

(1)《公司法》第一百四十一条：发起人持有的本公司股份，自公司成立之日起一年内不得转让。公司公开发行股份前已发行的股份，自公司股票在证券交易所上市交易之日起一年内不得转让。

公司董事、监事、高级管理人员应当向公司申报所持有的本公司的股

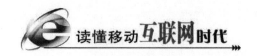

份及其变动情况，在任职期间，每年转让的股份不得超过其所持有本公司股份总数的百分之二十五；所持本公司股份自公司股票上市交易之日起一年内不得转让。上述人员离职后半年内，不得转让其所持有的本公司股份。公司章程可以对公司董事、监事、高级管理人员转让其所持有的本公司股份做出其他限制性规定。

（2）《全国中小企业股份转让系统业务规则（试行）》第二章2.8：挂牌公司控股股东及实际控制人在挂牌前直接或间接持有的股份分三批解除转让限制，每批解除转让限制的数量均为其挂牌前所持股份的三分之一，解除转让限制的时间分别为挂牌之日、挂牌期满一年和两年。

也就是说，即使公司成功上市，还需要满足法律规定的时间条件才可以抛售股票进行变现。

挑战二，股票有价格，但是有市场吗？

虽然新三板的公司数量和融资规模都出现暴涨，但成交量低迷是新三板无奈的露点。

虎嗅科技在新三板挂牌超过半月零交易被市场普遍关注。同花顺iFinD数据显示，截至2016年1月6日，新三板共有2895家公司为零交易，且零交易公司的转让方式基本都是协议转让。

而有成交金额但成交价格在1元以下的新三板公司也高达29家，埃蒙迪于2015年2月11日起在全国股转系统挂牌公开转让，自挂牌日起至2015年12月28日10个月时间内，公司股份只在12月24日、25日有过两笔成交价格为0.01元的交易。

目前参与新三板市场的主要是机构投资者和500万元以上的个人客户，投资者参与门槛太高导致投资者数量不足。另外，新三板公司对盈利没有要求，短期内监管层降低投资者准入门槛的可能性很低，流动性困境依然或将长期存在！

产品创新、商业模式创新、资本创新成为三驾马车，拉动着创业圈一路高歌猛进，一部分人占据天时地利人和，先富出来了！而后进者，在资本市场繁荣的时候，以透支市场和用户为代价，高举高打，想模仿做融资、IPO快进快出的游戏。天气遇冷的时候，关门大吉，另起炉灶。市场急需召唤正向的创业精神和创业秩序。市场、资本、媒体的聚光灯需要真正打到关注产品本身，关注用户价值，拥有自身造血能力的价值企业！

不爱雪中送炭，只爱锦上添花的资本市场，也需要重新审视短期行为，真正地为这个时代和中国经济注入生命力！

北辰说，标准时代，需要大而强，那叫规模效应。个性时代，你懂的。

第 4 章
共享经济

- Airbnb 入华：改变的不是商业，而是常识
- Uber 最大竞争对手最近很忙
- 共享经济，中国走在哪一步
- 易到可以改变 1 亿人的生活么

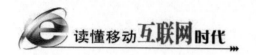

Airbnb 入华：改变的不是商业，而是常识

2015年2月，跟着百度一行浩浩荡荡访美，走近硅谷，走近斯坦福，受益良多，行程期间开了个小差，和三五知音偷偷跑到奥克兰甲骨文球场，看金州勇士VS菲尼克斯太阳的一场NBA常规赛。也许是不想让远道而来的中国观众失望，勇士大胜太阳。走出包间，我用蹩脚的英文对球队经理说：We will the champion！球队经理谦虚地一笑，大致意思是：这只是一场普通常规赛而已，言之尚早。

时隔4个月，6月17日，勇士105 VS 97战胜骑士，夺得NBA总冠军。评论家们都闭上了嘴，这是有史以来第一支依靠投手当家球星投出的总冠军。在一个第三方评选的盛典上，勇士当家球星库里上台领奖，自嘲到：从头到脚看，很难想象我是一个篮球运动员，但是今天，我是最好篮球联盟的MVP！

除了库里，湾区还诞生了两家伟大的公司，至少在当下全球的影响力来看，这两家公司都足以匹配伟大二字：一家名曰Uber；一家名曰Airbnb。

➡ 谈论共享经济无法避开的两个词汇

似乎美国西海岸的旧金山天生有一种魔力，与美国东海岸的精英文化

第4章 共享经济

和正统世界相反。西海岸的这批极客崇尚自由，离经叛道，他们渴望突破常规，改变世界，而不是遵循东海岸几百年来制定的商业规则和秩序。

体育和商业、社会、经济在每个时代的平行节点上都表现出惊人的平行线。体育圈天赋、力量、弹跳惊人的飞人乔丹，体形巨大、天生霸王的奥尼尔似乎注定是统治篮球世界的人。而以精英文化著称的哈佛则在各个方面统治着美国的政治、经济、文化。

我们称之为常识！

▶ 在被称之为移动互联网元年的2015年，这些常识将被打破，所有认知行将颠覆

依靠单点突破、专注极致投射、看起来都不像个篮球运动员的小个子库里可以带队夺得NBA总冠军，在欧洲打不到车，创办Uber的特拉维斯·卡兰尼克在短短5年时间创造了一家市值近500亿美金的公司，重要的是他们颠覆移动互联网生活和思维方式，拥有和独占不再是生活在移动互联网时代的人类的常识。分享、自由、信任、连接成为新世界的新常识。

这样的新常识在90后一代的生活、生产、思维方式形成病毒式的生长。

在破旧立新、建立新常识的移动世界中，拥有独占汽车和房子不再是一件很酷的事情。或许当年私密的日记可以变成微博和朋友圈的图文，希望更多人看到。或许分享一个Wi-Fi热点比授人以渔更加受到尊敬。或许进入职场，时间不只卖给了一家公司。

任何人可以在任何时间、任何地点分享释放自己的闲置资源，这种资源可以是智慧、时间、一张意大利沙发、一辆雪弗兰、一个PRADA包包、一笔资金。

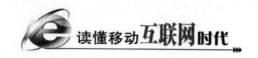

丰富的资源，像自然界的云雨，一半生命在蒸发上升，一半时间在凝集分发，形成更多的连接节点，每个人都在充分的连接中受益。

而这一切是怎么发生的呢？理解这种方式，不得不用具体的一个事例来说明。

➡ Airbnb无疑是共享经济最好的示例

要理解Airbnb为什么能风靡全球，不得不从整个时代的大环境和用户每个细微的行为习惯入手。

（1）从行为习惯上来看

Airbnb的本质是每个人成为了一项服务的生产者和消费者。人们扮演着两个重要的角色。这种行为的养成在中国已经有近10年的历史。例如，电商领域，淘宝的卖家和买家；知识领域，百度知道每个人都是发问者，同时也是回答者；在线视频领域表现尤为明显，生活在互联网的一代不像他们的父辈从电视和电影中单项接受信息，他们同时生产，同时消费，他们是观众也是主播；微博和微信为代表的社交领域，每个人生产新闻，每个人生产信息，每个人又消费信息，每个人是读者亦是主编。

（2）时代的大环境

一项服务和应用成为现象级的应用，都有一个普遍的规律就是符合一个时代下的群体性需求。正如口红效应，经济不景气的年份，女人们没有钱买更多的饰品来装饰自己，口红无疑是既经济又高效的解决方案。

5年前，团购的风靡，无疑是异曲同工。2008年爆发全球经济危机：一方面让消费者希望用更少的钱买更多的服务和商品；另一方面商家大量的库存需要被消费。

于是团购模式诞生了，不仅活得挺不错，而且是爆发式的增长。因为是全球性的，所以中美两国的团购业务在时间和业务模型上并无太多差异，近乎在同一时间节点爆发。

共享经济的诞生亦然，诞生于美国经济下行、失业率居高不下之际。共享资源的提供者更愿意出租自家的沙发和闲置汽车来获取额外的收入。同时，消费者和旅行者可以用更少的成本和便捷性来取代旅馆。

自然，不管是商家宣传和时代属性，社交元素一直是Airbnb宣传的主打特色。空间即社区，社区的理念，从线上衍生到线下，这一点，对于互联网一代亦是更熟悉不过了。

2015年8月19日，美国在线短租行业鼻祖Airbnb宣布，引入红杉资本与宽带资本两家中国战略合作伙伴，正式入华。

成立于2008年8月的Airbnb目前服务涉及全球191个国家的3.4万个城市。Airbnb今年完成E轮融资后，其估值预计达到255亿美元，成为全球估值前三位的创业公司。

◗ Airbnb选择在这个时间节点入华，无疑是最好的时节

这个节点至少抓住了两个最好的风口。

一是：赶上了共享经济在中国新生代中成为常识的时代。

二是：中国新生代正在和世界无缝衔接，同时全球化的人口移动，加速全球化旅游产业为龙头的产业群大发展。

崛起的中国，将吸引更多的海外友人来到中国，体验纯正的中国式生活。中国人走出去，不仅实现"世界这么大，我想去看看"，而是更多地参

与到全球事务中去，去旅行、去学习、去商务、去交易。

对于 Airbnb 能否在中国取得成功，易北辰更多地保持乐观。一方面，移动互联网的速度和广度正在打破边界，印度的用户、中国的用户、美国的用户、欧洲的用户都只有一个名字——移动互联网用户。经历 PC 互联网时代，每个 IP 和智能设备背后的个体不管是行为模式还是交互模式都正在移动互联网化，通过大数据，未来正在变得可预测。全球化的共识市场正在形成。

另一方面，Airbnb 做的是一个连接生意。基于全球繁荣的旅游产业，将庞大的全球用户倒入中国市场，同时将中国富裕抑或正在走向富裕的一代规模化旅行者带到全世界各地。

北辰可以预言的是，正如没落的贵族出租车产业，标准化的酒店产业或将面临严峻的洗牌。

最后，在这个常识快速迭代的时代，谁是新常识？谁将掌握新常识？

北辰说，毁掉旧三观，建立新常识。换句话，好吧，重装系统。

第 4 章　共享经济

Uber 最大竞争对手最近很忙

Uber 的最大竞争对手 Lyft 最近很忙？

是的！

美国第二大打车应用 Lyft 近日刚刚宣布获得了通用汽车 5 亿美元投资，从而完成了 10 亿美元的融资。通用汽车获得 Lyft 一个董事会席位。这轮总计 10 亿美元的融资将 Lyft 估值推到 55 亿美元。

▶ 死对头通用汽车为什么要投资 Lyft？

一般理解，汽车厂商和汽车共享平台应该是死对头。因为发达的汽车共享平台网络，消费者可以既快又舒适地完成出行。拥有汽车，不仅意味着便利，同时意味着成本，高昂的养车费，不方便的寻觅停车位。城市的野蛮生长，让拥有汽车成为一个幸福的烦恼。汽车厂商和汽车共享平台似乎是天生的死对头。

当然，作为历史的必然阶段，未拥有汽车的年轻人还是渴望去购买一辆属于自己的汽车。至于像罗胖（"罗辑思维"创办人）这样的社会名流，可能会选择卖掉汽车，专门依靠专车出行。

这可能代表了用车模式的高级阶段。中国中产阶级进化到这一层次

依然需要时间。需要战胜的是传统的思维模式和陈旧观念。毕竟丈母娘是不会答应把女儿嫁给一个没有车的屌丝。未来需要膜拜，当下依然不容易逾越。

美国人怎么玩车？

今天看了在即将开幕的2016 CES消费电子展前的一场发布会，由美国法拉第未来（Faraday Future）公司和乐视共同发布的超级概念车FF zero1。法拉第未来（Faraday Future）公司创始人的一句话让易北辰印象深刻：创造未来，不能用过去的思维走未来的路。站在未来，用未来的思维看今天，创造才有机会发生！

通用汽车显然深谙此道。

在一次采访中，通用汽车总裁丹·阿曼（Dan Ammann）称，希望参与并主导汽车行业的大变革。Lyft创始人兼CEO约翰·兹摩尔（John Zimmer）曾表示，未来人们的汽车解决方案是平台和网络而不是人人拥有汽车。

美国在科技领域盛产预言家，但是这样的预言逐步走进现实。

美国人习惯长期租赁汽车而非买车。因为美国人发现，在1~3年的汽车租赁期间，租的车完全可以满足私家车的所有需求，而租金只是汽车的折旧费，期满之后可以继续租新车，这样每天都用最少的成本开新车。北辰要真心感叹一下：美国人真会玩！

据普华永道报告显示，44%的美国消费者对共享经济非常熟悉，19%的美国成年人是共享经济的深度用户。吉尔对腾讯财经表示，消费者越来越愿意尝试新的移动软件（APP），这使得类似汽车共享这种商业模式可能在未来会以较高加速度成长。

很明显，通用感受到了未来的压力，以特斯拉、法拉第未来（Faraday Future）公司、G 无人驾驶汽车、Uber 为代表的新经济或许哪一天就抢走了通用的饭碗。投资未来，对通用而言，具有重大意义。同时，通用汽车和 Lyft 还将一起打造一个自动驾驶汽车网络（Autonomous On-Demand Network）。这个网络能按需提供服务。两者合作可以把通用汽车自动驾驶技术和 Lyft 的打车应用很好地结合起来。

中国力量

在这些看起来遥不可及的大交易中活跃着中国力量。2015 年 9 月 18 日，滴滴快的在纽约宣布与打车应用 Lyft 公司合作，投资 Lyft 公司 1 亿美元。此轮的投资共计 10 亿美元，投资方包括腾讯、阿里巴巴、对冲基金巨头卡尔·伊坎、乐天、Andreessen Horowitz、Founders Fund、寇图资本。滴滴快的总裁柳青称，通过此轮融资，滴滴快的链接了更多投资界领袖。

无独有偶，今天在美国初创电动跑车公司 Faraday Future（又称 FF）同样闪动着中国身影！

2015 年 12 月 11 日，据国外媒体证实，乐视创始人贾跃亭公开承认参与创建位于美国的电动汽车初创公司 Faraday Future（又称 FF）。

"我个人正在支持（personally backing）FF，此外还有一个多样化资金战略支持 FF，以保证其完成使命、实现愿景。我们计划革新汽车行业，创造一个综合、智能的汽车生态，保护和改善地球环境……"贾跃亭在信函中称（Faraday Future 的技术总部设在硅谷，研发总部设在洛杉矶，此外在德国杜塞尔多夫和中国北京设有办事处）。

易北辰总结：过去的 10 年，中国的互联网发展可以用一个词总结就是

C2C（COPY TO CHINA）拷贝到中国。中国互联网圈的创新和实力屡被诟病。在2010年为界的移动互联网，我们似乎真的抓住了那根金线，小米模式、乐视生态以新型的亚洲创新速度和老美们并驾齐驱。这种速度与力量带来的推背感是无与伦比的，人民币风险基金也以前所未有的能量在硅谷众筹平台进入优秀的硅谷初创公司。

或许未来，真的没有中国的资金，美国的企业，中国的市场，美国的用户，因为所有的伟大公司都只有一个名字：世界公司！

北辰说，世界资本、世界企业、世界市场、世界用户，全球化终于要实现。

共享经济，中国走在哪一步

移动互联网时代有一个很有趣的现象，就是很久以前的日记是私密的，越少人看越好，现在的日记记在微博和微信朋友圈，最担心没人看；过去，车子是不能借的，现在人人都可以通过 Uber 出让车子的闲置时间，当司机赚外快；过去，房子是至高无上的私有领地，现在一张沙发、一个卧室可以通过 Airbnb 结交到来自全球的朋友。

为什么 21 世纪的第 2 个 10 年，人类的行为模式发生爆变？我们过去的思考、过去的坚持，为什么在移动互联网时代完全被颠覆？

事实并非如此，回顾 1994 年中国第一次接入国际互联网，每一次访问互联网，我们的行为、我们产生的数据都在悄然改变着我们，水滴石穿，积沙成塔。只不过那个临界点已经来临！

阿里巴巴让我们在互联网上变得更加信任，百度让我们在互联网上更加相信大众集合的智慧而不是少数的权威，腾讯让我们习惯于 QQ、微信上的一串字符，而不是见面、握手、侃侃而谈。视频网站、论坛、博客、微博让我们习惯分享，而不是端坐在电视机前，让一小部分人来告诉我们这个世界发生了什么！当平等取代权威、分享替代占有，不管从大环境的浸淫还是小气候的习性，我们的每一次互联网行为，都逐渐把我们变成互联网时代的新物种。

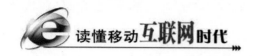

而移动互联网的到来将这种趋势演绎得更加凛冽……我们把这种自由而开放的社会经济运行方式称为共享经济。

讨论共享经济，Uber 和 Airbnb 是绕不开的话题

Uber 是一个按需要服务的 O2O 网站。网站以最简单、最优雅的方式，使豪华轿车司机网络化。每一个有需求的用户可通过 iPhone、SMS、Android 向 Uber 发送请求，找到自己的搭乘服务。

2014 年 6 月，Uber 宣布正式在香港提供服务。2014 年 7 月 14 日，Uber 正式宣布进入北京市场。Uber 已经进入亚太地区的 25 座城市，并在全球范围内覆盖了 121 座城市。

Airbnb 成立于 2008 年 8 月，总部设在美国加州旧金山市。Airbnb 是一个旅行房屋租赁社区，用户可通过网络或手机应用程序发布、搜索度假房屋租赁信息并完成在线预定程序。Airbnb 用户遍布 190 个国家近 34000 个城市，发布的房屋租赁信息达到 5 万条。Airbnb 被时代周刊称为"住房中的 EBay"。2015 年 2 月 28 日，美国短租网站 Airbnb 正在进行新一轮融资，而估值将达到 200 亿美元。

两家创建于硅谷的公司，正在以自己的方式改变着世界，成为世界共享经济的两面旗帜。

共享经济的中国代表

中国的中关村敏锐地嗅到未来的方式，我们看到易到用车、滴滴、快的、途家、小猪短租、安途短租如雨后春笋般冒出来。在中国共享经济中，最好的代表是滴滴和 Wi-Fi 万能钥匙。

第 4 章　共享经济

一个不争的事实摆在面前：为什么中国版的 Airbnb 没有实现规模化的爆发，传统豪强携程依旧占据传统旅居的半壁江山。而滴滴和 Wi-Fi 万能钥匙却逆势成长，成为规模和体量、用户最为庞大的小巨头。

滴滴的成功可以在一组数据中窥得一二。

滴滴顺风车的大数据显示，截止到 2015 年 7 月 20 日，共有 278 万名乘客使用顺风车出行，车主人数为 98 万，乘客人数为 180 万。其中，车主的男女性别比约为 6:1，乘客的男女性别比约为 1:1.08。这说明，用顺风车捎人的大多是男性，而他们拉的乘客大部分是女性。这就是为什么滴滴火了之后，陌陌在角落里暗自神伤。滴滴满足了陌生出行社交场景的刚性需求。

Wi-Fi 万能钥匙：

2012 年，Wi-Fi 万能钥匙诞生，目前用户数超过 6 亿，月活跃用户超过 3 亿，每天超过 21 亿次连接，仅次于手机 QQ 和微信，位列国内移动互联网软件第三位，也是国内用户量最大的工具软件。2016 年年初，Wi-Fi 万能钥匙获得海通开元、北极光创投等 5 家机构 5200 万美元 A 轮融资，估值 10 亿美元，取代 Airbnb 坐上中国共享经济的第二把交椅。

易观智库发布了《2015 中国互联网用户行为统计报告》。报告统计，2014 年，中国移动互联网用户规模约为 7.29 亿。小米中华酷联手机行业的血海之争，智能设备快速普及，让中国一跃跳入移动互联网时代，然而作为基础设备的 3G、4G 数据资费居高不下。智能设备与 Wi-Fi 等同于鱼和水的关系，Wi-Fi 是移动互联网时代最强的国民性痛点，Wi-Fi 万能钥匙抓住了移动互联网时代最大的风口。

反思：

在 Wi-Fi 万能钥匙一路高歌猛进的同时，我们又不得不反思，在主流世界大行其道的 Airbnb 在中国为什么就水土不服呢？

答案就是：信任和安全感！

阿里巴巴解决了线上信任的问题，那么大规模线下信任是这个时代面临的最大问题。在美国，每个公民都有一个专属ID，这个ID的背后是一套完整的信用体系。信用是美利坚人民最大的资产，拥有信用，等于拥有一切的可能，信用破产，将失去所有。而中国的信用体系才开始出发。我们可喜地看到，中国拥有大数据的民间结构正在参与国家的信用体系建设，一波征信拍照也在陆续发放……

而在这一系列基础设施到位之后，我们要做的是拆除心里的那道藩篱，因为铝合金的防护窗不仅安在我们的房屋上，还安在了我们的心墙，已经许久……

北辰说，心里的那道藩篱拆不掉，就跳过去。名曰：狗急跳墙。

易到可以改变 1 亿人的生活么？

第一次在正式的场合"邂逅"易到用车 CEO 周航是在太庙，奇点大学的中国公开课。周航是企业家学员，北辰有幸作为百家作者身份聆听大师之音。奇点大学的这次公开课还有一个福利，就是招募未来可以改变世界的创业者，但前提是你的项目需要在未来 3~5 年改变 1 亿人的生活。

1 亿人什么概念，5 个北京城；这个星球每 60 个人，就有一个人使用你的服务。我环顾四周，今天来的人都有龙虎之躯、经纬之才，但改变 1 亿人的生活谈何容易，但是周航应该会是那一个吧？我猜。

一年多时间过去了，回头望，不知道周航是否记得奇点大学之约，但至少从今天看，他是这么做的。2015 年 5 月 7 日，在朝阳百子湾再次见到周航，是易到用车"E-Car"计划的发布会。"E-Car"计划的内容是易到将在北上广深等城市推出数千辆新能源汽车，以期打造中国最大的新能源出行平台。"3 年内，新能源车数量将占易到用车车辆总数的 50%"，易到用车 CEO 周航亲自表示。

2010 年 5 月易到起航，时过境迁，易到已经从当年的打车小秘成长为今天智慧出行领域当之无愧的翘楚。而这一路并不轻松，难怪开场的发言，我见过的最灵动的客串主持人——易到联合创始人朱月怡调侃："今天嘉宾致辞是故意安排先后的，最艰苦的创业者先来"。

"价格恶战、政策迷局、对手挖人、牌照之困、亿元入场门槛。"所有创业者经历过的，周航一个都没错过。但至少从今天看来，周航扛住了。他的小伙伴们也扛住了。最不能忍受的是这些年跟随周航东征西战的小伙伴们，男同胞英气逼人，女同胞颜值爆表，虽然干起活来都是女汉子，但是看看也是极好的。

一晃 5 年，有幸的是易到还是那个易到，让所有人都能够轻松地出行，"倡导绿色出行，让美好更易到"的那杆大旗依旧如新。易北辰多年偶像——时尚集团总裁苏芒女士以时尚之名，让时尚插上科技的翅膀，让科技披上时尚的外衣。

钱是最不值钱的东西，因为什么都可以用钱去解决的时候，创造力也就消失了。

正因为在最艰难的土壤中生长，周航学会了合作，且有股水滴石穿的韧劲。

唐僧西行的时候本来就一个人，理想笃定了，小伙伴们也就来了，虽然长像奇葩，但各身怀绝技。易到找到了志同道合的伙伴，他们中有特斯拉、混合动力的双擎普锐斯、沃尔沃 S60L、北汽 EV 系列等。在易到的"E-Car 计划"中，用户可通过点击易到用车 APP 中的"新能源"进行选择，资费标准为：5 元起步费，无用车时间费用，0.99 元/公里。

大量上线新能源汽车，充电问题怎么办？

办法总比困难多，易到用车和普天新能源、庞大集团、腾势等品牌展开深度合作，共同打造新能源出行联盟，共建新能源城市。作为联盟计划的一部分，易到用车将与普天新能源合作，共同建设 1000 个充电桩设施，也同时寻找更多合作伙伴，提供场地共同建桩。充电桩建好后，将向社会全面开放使用。公开信息显示，普天新能源是中国最早从事新能源汽车充电网络建设运营的企业，股东分别是国资委所属企业中国普天信息产业集团公司、中国普天产业股份有限公司及中海油新能源投资有限责任公司等。

移动互联网时代是最好的时代，周航只是其中最普通的一名创业者，在中关村也许有天使光顾、总理视察，但是在上海、厦门、成都、广州甚至一些叫不出名字的城市，无数的创业者在这个时代前赴后继。因为他们相信"梦想是一个被人嘲笑的词，直到有一天，我们要把它变成现实"！

北辰说，未来的变化莫测更为美丽。

第 5 章
社交网络

- 陌陌私有化之后,这些被低估的中概股也可能回归
- 2016,社交广告怎么玩?
- 主要看气质为什么能火爆朋友圈?
- 粉丝经济新玩法
- 年轻人在用什么社交产品
- 信息流广告爆发式增长,大数据成为关键
- 看传统企业玩转粉丝经济

陌陌私有化之后,这些被低估的中概股也可能回归

2015,A 股市场迎来一轮调整,但这丝毫没有影响国内资本市场的火热。奇虎360、陌陌接到私有化要约引发蝴蝶效应,大批在美上市的中国公司希望站上这个风口,实现私有化并回归 A 股。据澎湃新闻整理发现,2015 年 Q2,就有包括中国手游、人人等在美国上市的 20 家中国公司收到私有化要约。其中,6 月为高峰期,15 家公司提出私有化计划,私有化邀约金额高达 178.56 亿美元。

2015年二季度收到私有化邀约的在美上市中国公司

公司	行业	启动私有化时间	每美国存托股(ADS)出价/美元	股本/亿	未被财团持有的流通股本比例	私有化邀约金额/亿美元
久邦数码	移动互联网	4月13日	4.9	0.32	58%	0.909
学大教育	教育	4月20日	3.38	0.65	95%	2.087
中国脐带血库	造血干细胞	4月27日	6.4	0.8	56%	2.867
药明康德	药物研发生产	4月29日	46	0.7	88%	28.336
中国手游	游戏	5月19日	21.5	0.31	-	-
淘米	互联网	6月1日	3.59	0.37	-	-
深圳迈瑞	医疗器械	6月4日	30	1.18	72%	25.488
晶澳太阳能	光伏组件	6月5日	9.69	0.43	84.4%	3.517
世纪佳缘	互联网社交	6月9日	7.2	0.32	70%	1.613
易居中国	地产	6月9日	7.38	1.33	74%	7.263
人人	互联网社交	6月10日	4.2	3.79	68%	10.824
世纪互联	互联网基础设施	6月10日	23	0.84	72%	13.910
如家	酒店	6月12日	32.81	0.48	65%	10.237
博纳影业	影视	6月12日	13.7	0.62	87%	7.390
创梦天地	游戏	6月13日	14	0.43	-	-
奇虎360	互联网安全	6月17日	77	1.23	83%	78.609
航美传媒	机场传媒	6月19日	6	0.61	62%	2.269
中星微电子	数字芯片	6月21日	13.5	0.28	-	-
中国信息技术	互联网基础设施	6月23日	4.43	0.34	-	-
陌陌科技	互联网社交	6月23日	18.9	1.86	52.2%	18.350
合计						212.761

澎湃新闻 整理

国内资本市场环境改善及中概股在美国市场被普遍低估是其回归的两大原因。美国经济复苏仍处于停滞阶段，有预测表示，2015 年 GDP 增速仅为 2%，放缓的经济发展无疑不利于中概股企业的长远发展。与此同时，外来"庶子"的地位永远不敌"嫡子"，中概股被低估的情况十分普遍。

反观国内经济，GDP 以 7% 的速度稳步发展，中国股市的红火也是有目共睹，暴风科技狂拉 30 多个涨停板，曾创下两个月市盈率超千倍、股价增长 50 倍的奇迹。同时，加上此前盛大、巨人私有化成功及政府"无需拆除 VIE 结构也可境内上市"的激励，相信会有更多中概股计划回归 A 股。我们不妨看看哪些被低估的中概股可能回归，也给各位投资者先支个招。

微博

私有化指数★★★★

投资潜力★★★

2014 年，微博 IPO 定价拟为每股 17～19 美元，相较于国际社交平台 Facebook 每股 28～35 美元及 Twitter 每股 23～25 美元的新股发行定价，微博与其有不小的差距。而就美国时间 2015 年 6 月 23 日收盘价格来看，微博收于 19.54 美元，与发行价相比增幅几乎为 0，而 Facebook 收于 87.88 美元，计算增幅为近 200%。其实，这在美国高科技股 IPO 市场是一个普遍现象，不少赴美上市的企业都会被低估。

虽然微博不具有 Facebook、Twitter 广泛的全球化视野，在国内也饱受微信等新兴自媒体平台的蚕食，但其在媒体平台属性价值仍不可低估，其商业价值有待进一步挖掘和突显。在这番私有化浪潮中，微博会不会收拾行囊回归 A 股的怀抱，有待市场验证。

优土集团

私有化指数★★★★

投资潜力★★★★

经历过 Q1 财报后的调查风波，优酷土豆还是倔强地从 13 美元涨回 30 美元上下，表现出中国最大视频网站的底气。但对于美国投资者而言，他们可能永远没法理解一家中国视频网站有多大的潜力，而对于拥有数亿用户的优酷土豆来说，一项小的业务，在如此庞大的用户基数面前，也会变为金矿。而一旦如传言所说，其收购爱奇艺成真，对于其溢价能力来说绝对是"加码"的行为。在 Q1 财报中，优酷土豆公布的单季度消费者付费业务收入为 1.21 亿美元，同比暴增 706%。

同时，如果回归 A 股，优酷土豆大可计划分拆上市，"合一影业"具备独立上市的基础，做成第二个华谊兄弟并非不可能。优酷土豆的一系列表现都显示了远超投行预期的势头，其股票还是可以逢低买入的，潜力可观。

搜狐

私有化指数★★★

投资潜力★★★★

搜狐 Q1 财报显示，集团总收入达到 4.55 亿美元，较上年同期增长 25%，远超预期。财报发布后，搜狐股价持续上涨，引获分析机构对其评级进行了上调。其中，摩根大通将搜狐目标股价上调至 77 美元，高盛则将搜狐 2016 财年和 2017 财年美股摊薄收益预期调高为 7%～8%。可以说，搜狐在纳斯达克还算是"风生水起"，日子还算舒坦。

回归其业务线不难发现，旗下搜狐畅游等公司纷纷分拆挂牌上市，一旦集团私有化进程启动，是否会影响到旗下各业务的计划目前不得而知。牵一发而动全身，搜狐不得不小心谨慎。

58 同城

私有化指数★★★★

投资潜力★★★

58同城和赶集网联姻，被戏谑为冤冤相"抱"。从金融角度来看，这无疑是利好消息，合并消息一出，58同城当日收盘股价暴涨33.64%。

根据58同城发布的2015年Q1财报显示，公司期内总营收为8710万美元，同比增长80.5%。特别是在整体流量、付费会员、收入等核心指标上，增长势头明显。其CFO大胆预估Q2收入区间为1.45~1.5亿美元，同比涨幅将达到124.6%~132.3%。在这个时间节点转投A股怀抱，刺激股价的进一步增长，对投资者来说也是一个新的契机。

携程

私有化指数★★

投资潜力★★★

日前，携程宣布发行总额为7亿美元2020年到期和总额为4亿美元2025年到期的高级可转换债券。发行可转债，携程意欲扩大市场份额的意图明显。超额募集的债券为携程提供了更有利的资金保障，对于其业务发展及收购阿里旅游·去啊提供了无限可能。

但携程的负责人曾多次在公开场合表示其公司企业价值被严重低估，再加上从美国退市需要大量的资金支持，在不影响版图扩展的同时实现私有化难度较大，且其对于国内A股市场的眷恋程度仍不好判断。

结语

私有化浪潮可能对于正在筹划上市的公司产生影响，在美股和A股之间摇摆不定。对于亏损企业而言，纳斯达克或纽交所是首选，只要规模够大，流血上市也OK，爱奇艺就筹划多年赴美上市，但A股的开放也让其左右为难。再如小米，如此高的估值和利润，而且又希望走全球化战略，也可能在美股和A股之间摇摆。但无论是哪种企业，左右摇摆可能错过窗口期，甚至与经济大潮失之交臂。

北辰说，城里的人想出去，城外的人想进来。上市圈果然一样。

2016，社交广告怎么玩

2015 年，对社交广告而言是丰收的一年。这一年，国外 Facebook，国内微博、微信都在社交广告上实现了突破。

Facebook 发布的第三季度财报显示，其营收同比增长 41%，至 45 亿美元，去年同期的这个数字是 32 亿美元。这种增长是由 Facebook 向移动广告的强势迁移及在视频广告上取得的成功所推动的。财报数据显示，移动广告营收在 Facebook 当季总营收中所占的比例达到约 78%，而去年同期的数字是 66%。

在国内，微信的朋友圈广告曾一度引发网络关注，微博的原生广告也做得红红火火。据微博 Q3 财报数据显示，微博移动端广告营收占比已经达到 64%。微博月活跃用户 MAU 达到 2.22 亿，同比增长 33%，9 月移动 MAU 在 MAU 总量中的占比为 85%，而且 9 月微博的日均活跃用户数 DAU 首次破亿，较上年增长 30%，已经连续六季度增长。

这一系列数字无不在预示着，2016 年的社交广告将势如破竹，进入大举发展的快车道。那么，从用户、广告主、平台这三个角度来看，2016 年的社交广告又会有哪些新变化？

➡ 创新广告形式

2015 年，社交广告在表现形式上一个明显的变化是原生广告越来越受到重视。这一点从微信的朋友圈广告引发的关注程度就可见一斑。而微博作为国内第一个推出原生广告的移动社交平台,其过去几年更是一直在加强对原生广告的布局。

可以肯定的一个变化是,2016年原生广告将越来越成为社交广告的主要呈现形式,而且也将越来越受到广大用户和广告主的认可。

与此同时,在2016年社交广告市场中,视频广告也有望大行其道。因为从大环境的角度看,4G的流行、流量资费的降低,特别是流量的跨月结转,这些都是对包括视频广告在内的多媒体内容生产和传播的利好因素。

而在12月1日微博发布的2016年广告战略中,微博就明确表示要在2016年推出信息流视频广告。鉴于Facebook、Instagram推出信息流视频广告后,均带动了其收入的大幅增长,因此也不难预见,随着微博推出信息流视频广告,微博的广告营收自然会再上一个台阶。而这也将对国内社交广告市场格局产生重要影响。

重视用户体验

用户体验始终是广告投放与传播中不可回避的一个问题,尤其是对社交媒体平台而言,用户体验显然比广告营收本身更为重要。

可以预见的一个趋势是,2016年社交媒体平台将越来越重视用户体验,特别是重视广告信息与用户体验的关系。

比如,在微博进行测试的信息流视频广告中,不仅视频时长被设定为不超过10秒,而且只在Wi-Fi条件下才会自动播放这些广告,这显然是社交平台确保广告不影响用户体验的一个明智之举。

此外,原生广告的流行与繁荣实际上本身也是社交平台重视用户体验

的产物。刚才已经提到，微博是国内首家推出原生广告的社交媒体平台，2016年微博还将进一步加强原生广告的占比。鉴于原生广告，广告即内容、内容即广告的特征，其不仅不会影响用户体验，反而会让广告与内容融为一体，以原生广告提升用户体验，促进用户交互，引发用户转发、评论，在给广告主带来超乎预期的广告效果的同时，也能精心"呵护"用户体验。

强调精准效果

在注重用户体验的同时，广告传播的效果同样是社交广告不可回避的另一话题。与传统的互联网门户广告、搜索竞价广告等广告形态相比，社交广告在传播效果的评估上也更为复杂，不仅要看展示、点击，更要看评论互动程度和热度，要看广告对用户行为的直接和潜移默化的影响。

从微博发布的2016广告战略看，2016年将是社交广告特别强调精准效果的一年。这里我们不妨来看看2016年微博将在提升广告效果上做些什么。

其一，微博将加强广告自助投放能力，并将其视为微博商业战略的重要内容。微博广告平台部总经理陆勇表示，明年将大力提升程序化购买在广告营收中的比例，进一步推动广告投放的自助化。

显而易见的是，这种DSP购买由于可以做到流量资源整合和大数据挖掘，因此能有效提高广告投放的精准度。

其二，微博将以微博大数据为基础，加强数据互换能力，与合作伙伴共享数据，帮助广告主更精准地进行营销。目前，微博已经与SocialBakers、友盟、Admaster等机构合作。与SocialBakers合作的微博营销分析产品上线至今，已经有30多万家企业使用。

这一做法的力道在于，其将社交广告提升到了社交媒体营销的高度，广告已经不仅仅是广告，而是连接企业与用户的重要形式，能让企业通过对用户身份、行为和兴趣等海量数据的挖掘分析，实现对用户的画像，让广告从形式到内容更为个性化的同时，也更有利于提高广告主预先设定的诸如注册、参与、购买等行为的转化率。

实际上，通过将会员信息和微博用户数据打通，广告主已经在微博上提前享受到了这种精准营销带来的超乎预期的效果。数据显示，巴黎欧莱雅一款产品在微博投放广告后，购买率增长了 6 倍。春秋航空将用户的社交数据接入客服系统后，下单转化率也提高了 2 倍。

其三，2016 年微博信息流广告将全部采取用户定向方式投放，同时微博还联合第三方对社交大数据进行深度挖掘和利用，基于 LBS 等数据实现广告的位置、情景化等的精准定向。

通过微博的这些做法不难预见，2016 年将是广告主投放社交广告最好的一年，因为像微博这样的领跑者已经为广告主所追求的精准营销效果铺好了跑道，广告主可以在不影响用户体验的情况下，以原生广告、信息流视频广告等形式在微博这条打通了用户数据的跑道上肆意驰骋。

北辰说，在社交网络上犯错总比什么都不做好。

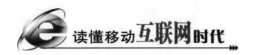

主要看气质为什么能火爆朋友圈

北京海淀,零下3℃,无霾。

正认真地在客厅看爱奇艺之夜年度盛典龚宇童鞋无数次重播"请看大屏幕"后,杨幂、白百合、张震、陈坤轮番上台感谢3F(fans、father、family)。

然后就发生了标题上的这一幕。朋友圈被刷屏了!内容"主要看气质",并附上主人公一张图。

于是就能看到下面这张图。

第 5 章　社交网络

为什么简单的一句"主要看气质"能火爆朋友圈？刷爆微博？

80 后作家易北辰认为原因有三。

➡ 周期性反复，节点已到

互联网的生理周期决定，每间隔一段周期，大姨妈会造访一次。"我是凡客""贾君鹏你妈妈喊你回家吃饭"全民狂欢已过去有些时日。网络的寂寞情绪需要一次盛大的集会狂欢，释放年后跳槽、春节回家逼婚、买不起房子、膝盖已碎无银修补、上 12306、生不生二胎、雾霾锁城看不清朋友圈的林林总总困顿也好，鸭梨也罢。

言而总之，总而言之。如鸟归山林，鱼思故渊，落叶归根，火山喷发，你大致可以理解为互联网生理规律（此处就不用自然了）。

➡ 符合自拍党的刚性需求

手机厂商前置摄像头不超过 800 万像素已经不好意思出货了。无论这是一个最好的时代，抑或最坏的时代，这绝对是一个自拍的时代。

生活在这个人手一台智能手机的时代里，这一秒钟将镜头对准自己并按下拍照按键，下一秒钟就马上出现在网络上，接受成百上千素不相识的人的评头论足。自拍让自我表达有了一个新的出口，自拍可以记录生活，亦可满足虚荣。自拍像一面镜子，不仅能投射你的容颜，更能直播你的内心。在 1984 年发明了相机"自拍"功能的那个人一定没想到，在近 30 年后的今天，"自拍"会如此风靡。

从微博、到朋友圈、到小咖秀，自拍党已成天下第一大帮会，且成员

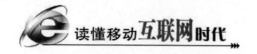

呈指数级增加。手机是其作案工具，美图模式是其日常模式，45度角仰望天空辅以千年剪刀手是其招牌武功。

"主要看气质"可能是21世纪第2个10年最大的顺势而为吧。来来来，库存的图片可以出来晒一晒了！

明星商家推波助澜

永远不要忘记杜蕾斯的快感。从2012年北京看海地铁口杜蕾斯的新鞋套，到"主要看气质"的蝴蝶结。"杜蕾斯们"永远不会放弃任何一个"优衣库"。每一次热点都是他们的舞台。

一个不错的导火索放出微弱的荷尔蒙。在注意力就是金钱的时代，商家们不会错过任何一次卖萌的机会。从创意到发布，创意工作者们60分钟内解决战斗，绝不会留到周一见。

社交网络时代的强传播、几何裂变可以快速让一枚星星之火，成为来自星星的火！

只是让无数老总感觉忧伤的是：有一种策划是别人家的策划！

北辰说，玩转社交网络，主要看气质。

粉丝经济新玩法

2015年，截至双11当天上午9点52分，天猫双11购物狂欢节交易额突破500亿，移动端占比72.93%。

阿里提供的实时数据显示，开场后1分钟12秒交易额突破10亿，12分28秒突破100亿，移动端成交占比一开始保持在80%以上，之后有所下降，稳定在74%左右。

"各行各业都要拥抱互联网，现在叫拥抱移动互联网，拥抱互联网、拥抱移动互联网的时候最多就是做电商。"

一周前，微博副总裁王雅娟女士在上海金投赏一语道破移动互联网命门。百度商业运营出身的王雅娟善于与中小企业打交道。而当年的中小企业如今或已巧借电商和粉丝经济的东风，规模和羽翼已渐丰满。

在微博商业化、粉丝经济大行其道、电商化如日中天的大环境下，如何玩转粉丝经济已经是所有企业的必修课程。而这门课程的成绩将直接决定企业未来发展的成败兴衰！

北辰有幸在上海直接专访微博副总裁王雅娟，整理王雅娟女士思想精髓若干，双11热度正盛，聊聊中小企业关心的粉丝经济破局之道！

看数据，移动当道

阿里提供的天猫实时数据显示，开场后 1 分钟 12 秒交易额突破 10 亿、10 小时破 500 亿，移动端成交占比一开始保持在 80%以上。

无独有偶，微博超过 2.12 亿的月度活跃用户，超过 9300 万的日均活跃用户，超过 4650 万的支付用户，移动用户占比 85%。

移动端大势不可逆，要么移动，要么死，再不是危言耸听。

产品是王道，不作死就不会死

看到很多新的品牌、新的产品非常快速的崛起，如耳熟能详的小米、魅族、华为，大家可能还不知道的有一些在微博上做得很好的小企业也起来了，如维斯护肤专门做去痘的产品，还有 Roseonly，十几枝花 1000 多块钱，但还是有很多人买。

不好的产品上微博就叫"不作死就不会死"，所以一定要有好的产品，经得起消费者检验的产品，可通过子媒体的形式（子媒体就是企业自己的账号）发布我的产品、品牌的理念、创始人的故事等。

善用工具

对于营销者而言，要想自己的产品拥有广大的粉丝，就必须要理解产品所面对的主流消费群体，并且掌握与这个主流消费群体建立长久关系的沟通渠道，越来越多的企业开通了自家的官方微博，希望能将粉丝和消费者相互转化。

王雅娟强调，微博并不是单纯的广告平台，而是连接品牌与粉丝的工具。我们发现，很多成熟企业为了提升销量而选择渠道下沉的同时，仍然通过在微博上的信息发布和品牌活动来吸引粉丝关注，并且利用微博来与主流消费人群深度互动，保有和提升品牌在主流消费人群中的认知度和好感度。

企业不仅可以借势台网、节日、电影等热点开展实时营销，还可以通过创新的事件或话题策划，直接实现销售转化。2015年5月，天猫国际在微博上推出"苹果新品首发"活动，1万箱苹果在9分钟内售罄，新上线的海购生鲜产品频道也吸引了大量网友的关注。

聚合粉丝、引爆传播

随着经济的改革与转型，很多企业都在面临诸多挑战，无法将产品的用户人群从喜欢创新的早期使用者身上扩展到早期大众身上。以微博为代表的社交媒体能够帮助企业寻找早期乐意使用、反馈的新品拥有者，发挥微博粉丝积累和明星意见领袖的传播效力将有助于企业跨越发展鸿沟，通过裂变式传播能力引爆新品声量并拉动销售。

拥有一定数量的活跃粉丝后，企业就可以选择合理的方式对粉丝形成刺激，实现社会化资产的变现。为了回馈粉丝，企业可以打造属于粉丝的独家产品，增加专属活动的参与感。2015年5月，OPPO联手李易峰面向粉丝推出OPPO R7特别版，通过微博面向符合OPPO品牌属性的用户进行情感沟通，有效预约量呈现爆发式增长，获得了来自粉丝层面的认可。一条推广性质的微博，在12小时内，创造了4万转发、5000个赞、1600条评论、1亿的话题阅读量。微博再次向外界展示出粉丝经济的威力，而这次的主角是OPPO R7。

打通 Social CRM 实现深度转化

随着社交营销回归理性，企业已经意识到自说自话不如用户主动的传播分享，基于 SCRM 体系与用户的深度沟通就更加重要。微博已经能够打通 SCRM 的营销闭环，实现微博数据与企业 CRM 数据的对接，当微博用户互动信息与企业 Call center 对接后将进一步帮助企业获取新客户、留存老客户并逐步提高客户的忠诚度，从而最大限度地提升营销效率。

以韩国艺匠为例，这家公司拥有 200 名客服团队，凡是在微博上与其发生互动的粉丝，客服都会按照对应的话术进行沟通，通过微博打通其 Social CRM 体系，挖掘粉丝需求，从而加速粉丝沉淀，带动销售转化，目前其收入的 1/3 来自微博。

北辰说，产品是王道，不作死就不会死。

年轻人在用什么社交产品

七八年前，人人网是青少年用户使用最多的社交产品。然而，时过境迁，人人网的衰落，让青少年用户开始转移到新的社交产品上。前有微博，后有微信，二者构成了青少年用户的主要社交渠道。而青少年用户作为一类处于成长中的特殊群体，其在社交方面与企业职员等人群有较大的差异。那么，青少年用户到底是需要微博这样的社交产品，还是微信这样的社交工具？

▶ 微博、微信相继发数据报告

在 2015 年 8 月中下旬，微博和微信相继发布了各自的用户数据报告。微博发布的数据显示，截止到 2015 年 6 月底，新浪微博共计有超过 5200 万名青少年用户，其中大学生占 7 成多，剩下近 3 成为高中生用户。

与之相比，微信的数据报告对青少年用户这一块则没有具体提及，只是从年龄方面，披露微信用户平均年龄只有 26 岁。职业方面则是企业职员、自由职业者、学生、事业单位员工这四类人群占据了用户的 80%。

与微信数据报告较为宏观的角度选择不同，由华东政法大学法制新闻研究中心、复旦大学国际公共关系研究中心联合发布，微博提供数据支持

的《中国校园微博发展报告（2015）》，通过校园微博用户整体现状、个性分析、使用习惯、微博服务功能、热门教育话题等角度全方位呈现了当前青少年用户使用微博的情况。

报告指出：微博是学生群体了解最新社会动向的重要窗口。微博平台服务功能的专业化、人性化使用户黏度加大。对于整个青少年群体而言，微博是学习交流、社交娱乐的重要平台；对于学校而言，微博是资源整合、公关宣传的重要阵地。微博已成为国家教育发展中实现"教育信息化"的重要实践基地。

微博缘何成为青少年的社交"基地"？

青少年社交与白领社交相比，其差异化特征是相当明显的：一方面，青少年社交范围相对集中，多是与同学、老师之间的沟通；另一方面，作为处于学习和成长阶段的用户人群，青少年社交更多的是与其学习、生活、娱乐有关。

一个简单的例子是，许多青少年用户都存在追星的需求，在这种情况下，他们可以在微博上轻松关注所喜欢的各种明星、名人。而与之相比，微信是需要通过对方验证才能进行沟通的机制，很难满足青少年用户的这部分需求。

显然，从这个维度看，在青少年用户的社交产品选择上，微博的优势更为显著。据新浪微博发布的数据报告显示，2015年上半年，青少年微博用户总体增幅为23.37%，多数省份青少年微博用户实现增长。这也说明了青少年用户对微博这一社交产品的认可。

实际上，对于一款社交产品而言，衡量其用户黏度的一个指标就是用户的活跃程度。微博的数据显示，在微博用户中，大学生活跃用户明显高于高中生。高中生活跃度为0.59，大学生活跃度为0.67。2015年上半年，青少年用户的登录时段除晚上睡眠时间外，登陆时段没有特别明显的峰值，数据峰值和谷值相差不大，这意味着学生用户已经进入全天候活跃状态。与之相比，25%的微信用户每天打开微信超过 30 次。55.2% 的微信用户每天打开微信超过 10 次。但是这其中到底有多少青少年用户，我们尚不得而知。

可以确定的一点是，从微博发布的数据报告看，微博已经成为学生群体了解最新社会动向的重要窗口，微博平台服务功能的专业化、人性化使用户黏度加大，这对于整个青少年群体而言，微博是学习交流、社交娱乐的重要平台。

夯实校园用户根基，微博整体发展态势看好

在微博发布的这份报告中，一组有意思的数据是，对青少年用户的画像十分清晰。微博大数据显示，微博高中生用户在标签使用时除了凸显自己的学生身份外，还积极表明自己的生活风格——"宅"与"睡觉"，同时认为自己喜欢"文艺"，更是自由、时尚与"吃货"的代表者；从大学生用户的标签使用情况来看，大学生是一群喜欢"宅"的"吃货"，是典型的音乐和旅游爱好者，比高中生更喜欢运动和小说。值得一提的是，大学生还喜欢用"我们不脑残"这样的表述来界定自己。

从报告对微博文字所涉及到的 16854 个关键词进行的词频统计和排序结果看，所有高频词汇均带有鲜明的"正能量"特征，其中最为高频的用词为"生活""喜欢""努力""人生""幸福"等。青少年微博用户的学习生活正能量十足。

实际上，微博不仅是青少年用户使用最多的社交产品，也是校园官方的信息传播平台。目前，110 所 211 高校开通校园官方微博，985 和 211 院

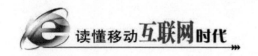

校的用户基本全面覆盖。一般来讲，一所院校所能辐射的大学生数量为万人左右，可以说，在这些开通了官方微博的高校中，青少年用户使用微博的频率和黏性更高。

通过对青少年用户和高校市场的深耕，微博已经在用户基数、活跃度等方面处于领先地位，微博的下沉战略和垂直化战略夯实了校园用户的使用基础。青少年用户对微博这一社交产品的偏好，也可以让我们看到微博的整体发展态势是向好的。

这一点从微博近期发布的二季度财报也能看出一二。财报显示，截至二季度末，微博月活跃用户达到2.12亿，同比增长36%，连续9个季度的同比增速保持30%以上，移动端月活跃用户占比为85%，保持稳定。

总体来看，尽管微信的大行其道对微博等社交产品造成了一定的冲击，但由于微博、微信之间并非同质化，具有差异化的产品特征，使得即便在微信热火朝天的当下，微博仍然能差异化地实现其市场领先地位，在青少年等用户群体中占得上风。

北辰说，读懂年轻人，读懂钱脉。

信息流广告爆发式增长，大数据成为关键

易观智库发布最新的研究数据显示：继 2010、2011 年互联网广告市场取得爆发式增长后，2014 年中国互联网广告市场再次迎来发展小高峰，市场规模预计达到 1565.3 亿元，较 2013 年增长 56.5%。尤其是移动广告的推进，带动了整体规模的进一步提升。数据显示，2014 年全年移动广告市场规模达 472.2 亿元人民币，同比增长 251.7%。随着移动互联网时代的来临，客户开始将广告预算转向移动广告和社交广告，特别是信息流广告。

● 信息流广告正迎来爆发

从全球范围来看，Facebook、Twitter 等社交巨头在几年前就已经开展这种广告形式。2011 年 7 月，Twitter 正式推出 PromotedTweets，广告按粉丝参与度收费，广告出现在广告主 Twitter 账户粉丝的信息流中，且只在 Twitter.com 的主页面中出现。另一社交网络巨头 Facebook 也在其网站中的 Ticker 实时社交信息流中显示 SponsoredStories 广告内容。信息流广告为社交媒体贡献营收增长，成为社交媒体重要的收入来源。

从微博提供的数据来看，也证实了北辰的思考，信息流广告比右侧的微博展示类广告效果提升了 10 倍左右。根据微博财报数据显示：2014 年微博移动广告收入持续增长，所贡献比例从第一季度的 31%一路上涨至第四

季度的 54%。这里需要明确的是，现阶段微博移动广告基本都是用信息流广告的形式所呈现，这样的广告增长幅度，基本可以显示微博信息流广告所取得的成绩。过去两年内，超过 4 万家客户投放了微博信息流广告，重复投放比高达 50%，信息流广告体系成为微博业绩增长的重要驱动力。

当信息流广告投得比较符合用户需求的时候，更能贴近于自身浏览习惯的，也易被用户接受。然而，让信息流广告发挥巨大的威力，还需要一个得力的帮手，就是大数据！

➡ 大数据是打开信息流广告的取胜之匙

根据微博用户的社交关系、兴趣图谱、活跃程度、地域范围等，经过大数据的分析和挖掘，每一个账户 ID 都将拥有属于自己的属性标签。"28 岁、二三线城市、女性、韩剧、育儿""38 岁、一线城市、男性、篮球、自驾"……这类极具个性和身份特征的人群，正是品牌试图"有的放矢"分头打动的对象，微博为品牌提供数据包工具，帮助品牌通过大数据分析挖掘的成果找到自己心仪的目标人群。2014 年，《继承者们》带着《来自星星的你》横扫中国，肯德基顺势邀请金宇彬、全智贤担任新一季代言人，在传播媒体广告轰炸的同时，使用微博"韩剧迷"人群包进行精准投放，其转发、评论、点赞互动率效果惊人。

除了肯德基这样的品牌客户，在中小企业方面，土家硒泥坊在微博上持续投入超过千万，粉丝量从 3 万迅速提升到 46 万，粉丝活跃度也从 2% 大幅提升到 33%，2014 年的双 11 淘宝网销量遥遥领先。与此同时，以祛痘产品起家的 WIS 品牌，一个 88 年的草根男带领一群 90 后的小伙伴，用 3 年时间做到年营收 1 亿元，没有任何外部投资，依托微博打造出一个年轻人的化妆品品牌。这两个中小企业的成功，也正是基于精准的用户投放，客户可以按照关系、年龄、性别、地域、兴趣等多个维度进行筛选，也可以选择电视剧人群、白领人群等数据包，还能自定义投放范围，从而为品牌带来巨大的广告收益。近期微博一场商业产品发布会上也同时宣布，将引入第三方数据，这将为广告投放提供更多的选择。

社交生态价值再发现

社交大数据营销背后的精准投放带动新的社会化数据营销产业链的发展。在前不久举行的 2015 微博商业产品推介会上，微博宣布升级信息流广告体系，将粉丝通、粉丝头条、微博精选、品牌速递等广告产品，对品牌企业、中小企业及个人用户全面开放；与此同时，微博正式发布的社交媒体全覆盖解决方案"BigDay"实现了全程跟随用户访问路径，基于 UID 精准投放触达，通过大数据洞察消费者的最新需求激活活跃粉丝和潜在用户，使广告主达成在社交媒体平台全平台快速有效覆盖海量用户的诉求成为可能。

这里要提一下 BigDay。BigDay 是把新品首发、线下活动、重大事件、重要节日等融合进微博社交广告投放体系中，形成一个微博社交场景的整合式社会化媒体营销。而在 BigDay 产品背后，如果一款商业广告产品可以使营销活动从简单的触合进化为深度用户互动转化，则这种精准投放额体系及粉丝去重投放体系，一定是有一套复杂的社交广告算法作为支撑，而这正是大数据的威力所在。

大数据显示 90 后是最亮的那颗星

微博 2013 年月活跃度为 33%，2014 年月活跃度为 35%，截止 2014 年

Q4季度，月活跃用户为8100万，移动端登录用户超过80%，同时，用户群体发生着根本性的变化，90后的用户占比已经超过一半，在日登录用户占比中，80后和90后汇总起来达到80%～90%。认真想想，90后用户最大的也到25岁了，基本上已经工作2~3年，用户消费层次属最黄金阶段，从社会行为上分析，90后需要谈恋爱、需要结婚、买房子、买车。而70后群体已经没有什么特别的大规模消费行为。抓住90后这部分，就相当于抓住了未来几年中国移动互联网的生态和未来。

广告圈有句老话："我知道我的广告费有一半被浪费掉了，但我不知道是哪一半。"这个情况在大数据时代将得到很大的改善。大数据、信息流广告、社交媒体的黄金组合正在成为广告主重新审视新广告世界的视角，依托其海量大数据及精准技术分析开始受到越来越多广告主的重视。

北辰说，我知道我的广告费有一半被浪费掉了，但我不知道是哪一半。大数据知道。

看传统企业玩转粉丝经济

越来越多的人抱怨,年味越来越淡,春运返乡这一人类史上最壮观的人口大迁徙,带给多数人的感受不是有幸参与,而是疲于奔命。与线下的平淡形成鲜明反差的是,老百姓线上的生活越发热闹和宽慰,上天猫购置年货、上微博抢10亿的红包好不热闹。

与此同时,传统企业邂逅拥抱互联网,尤其是社会化网络平台,借势春节玩转O2O营销可谓当下流行的新趋势。其实此处用营销二字已显得不切实宜。因为它们正在用全新方式创造全新的体验,并且实实在在为老百姓的归途创造新的价值和体验。

北辰带你走进四季沐歌联手微博的让红包飞,诠释O2O营销的新玩法。

➡ 有码行遍天下的列车

四季沐歌冠名了12组"四季沐歌号"列车,沿途经过20多个省市,春运期间将覆盖近亿人次。"四季沐歌号"在车身彩贴、列车展板、海报、票卡等物品上植入活动二维码,用户通过微博手机客户端扫码,可以抽取现金红包、福利卡券及其他礼物,总价值超过2.5亿元,单个红包最高金额

为 4999 元。

春节可谓是各大企业营销的黄金期，四季沐歌通过与微博的合作，面向数亿网友和数亿春运大军营造春节情感营销的氛围，而且具备裂变式的传播效应。春运铁路线亿级曝光传播源与微博社会化媒体强大的传播力相结合，通过铁路数亿级的曝光量，以及让红包飞百万张福利卡券礼包，用户将被大量引导进入四季沐歌的电商平台，有望最大限度地转化为有效成交。

目前，微博上有 80 多万家企业，每年都有几万家企业参与让红包飞活动。此外，微博在不断丰富红包的玩法，除了现金红包，今年将首次推出联名红包的机制，企业可以跟明星一起发送红包。"让红包飞"为新浪微博每年的固定福利，今年由于众多明星大咖的加入有了更多不一样的玩法，因此也吸引了不少有实力传统企业的参与。

主攻新能源热利用的四季沐歌今年首次参加微博让红包飞。该公司相关人士近期对媒体透露，原本只计划给网友派发 2.5 亿个红包，但是从 2 月 2 日到 12 日发出的 370 多万个红包来看，其发送后的"效果比较惊人"。网民到京东的进店量是平时的 5 倍，产品成交量也提升了 3 倍，这直接导致了该公司决定将代金券的数量增加到 5 亿张。值得一提的是，四季沐歌原本估计品牌曝光次数肯定能够过亿，但其实只用了一两天，就已经达到了这个数字，而且 76% 的访问者来自移动端。

➡ O2O——传统企业的自我格式化

随着互联网大潮的来袭，传统制造业如何去拥抱互联网、与世界互联、如何把握时代脉搏成为传统行业面临的共同话题。作为线上与线下联动的最有效方式，O2O 成为各传统企业争相抢搭的快车。在互联网经济时代，用户体验是最被企业看重的要点,因为用户的权利被网络无限放大,用户与企业之间的地位越来越平等。四季沐歌这次与微博的合作,也正是其竭力探索的全新营销模式,而且要做就要做到创新,做到极致。

从玩法上看,十分简单,这更易于激发用户的使用,相关中奖信息被分享到微博上后,有望吸引其他用户的大量参与,从而为四季沐歌带来更多品牌的曝光。此外,用户扫码后即可进入京东商城的四季沐歌旗舰店,随时随地使用优惠券购买产品。

作为传统企业,四季沐歌的新营销战略离不开互联网思维的驱动,携手微博也是社交媒体的首次尝试,力图让用户参与到企业的品牌传播中,与用户产生情感共鸣。作为连接品牌与粉丝的工具,四季沐歌联手微博让红包飞,在线下海量触达的基础上,通过微博扫码、构筑O2O营销闭环轻松拉近品牌与消费者的距离,并有望全面拉动其线上商城的销售,充分利用了互联网跨地域、跨界的海量信息及海量用户的优势,充分挖掘线下资源,进而促成线上用户与线下商品和服务的交易。

借势微博,粉丝经济变现

今年的微博变化明显,在以提升移动端用户体验为核心、为用户提供高质量内容资讯的同时,微博充分发挥社交媒体的传播优势,提升微博的娱乐和生活服务属性,构建围绕用户移动生活的生态圈。

微博与四季沐歌携手也是双方敏锐把握住商机,对一年一度微博让红包飞活动的深度参与和合作。在新浪微博看来,今年微博的粉丝红包为发红包者提供了与粉丝互动的最亲和玩法。基于今年的活动机制,账号获得的粉丝都是捆支付宝的高质量粉丝,从这方面来看,粉丝红包可谓是构建

账号粉丝经济转化力的"大杀器"。目前,参与到让红包飞活动的商家和企业最看重微博发红包时裂变式的传播能力,而现金红包和为用户量身定制代金券的玩法,使新增用户迅速进入新的消费场景,从而加速转化为移动电商用户。微博红包成为企业拉新和加速用户转化的利器。

通过重新定义企业、产品与消费者之间的沟通模式,一个以微博为核心的粉丝经济生态链正在形成。利用粉丝经济可以有效"治愈"企业所面临的发展困境。微博对于企业的定位也在悄然发生改变,从品牌推广平台到粉丝维护平台,到目前的粉丝经济变现平台,可以看到,一条完整的商业闭环已经浮出水面,而提前拥抱这个趋势的企业正在源源不断地获取红利收益。

北辰说,四季沐歌城会玩。

第 6 章
召唤时代精神

- 匠心：两个半人和一件衬衫
- 低调才是最牛的炫耀

匠心：两个半人和一件衬衫

两个半人和一件衬衫

"不论世界如何嘈杂，总要能静下心来做点作品"。放下了七匹狼渠道中心总监，现为傲物网创始人的赵乃超去年西渡欧洲大陆，遍访衬衫大师得到这个答案。在此之前，他是服装渠道圈赫赫有名的一代名士，却无法将几千个 SKU 的服装称为作品。相反，他自从进入服装行业以来，"许久未遇可以震撼心灵的极致之美"。如今，这位依旧面容潇洒、偶带深沉的中年男人是一件衬衫真正的信徒。他可以满怀热忱跟你聊面料、聊工艺，海阔天空两个小时，却谦卑地说只是刚刚入门。就在 2014 年 10 月和 11 月，赵乃超一手带出的狼图腾变革 140s 和变革 100s 两款极致衬衫在京东、苏宁易购一上线，几度脱销。

这位雅人深致、风度翩翩的中年男子，目标是颠覆平凡，发现极致，秉承匠心，做好每一件作品。

他以衬衫会友，以极致衬衫收获了一批志同道合的粉丝，其中不乏具有影响力的人，包括现在的合伙人，来自意大利的顶级设计师。

聊起当初的创业艰难，他戏称，当时做狼图腾和傲物网，七匹狼总部就给了一个半人，算上自己，两个半人吧。我好奇？那半个是？"向总部借来的一个设计，忙时，这个人还要两边跑"。赵乃超聊起创业经历，调侃道。"目前这个团队已经有 10 多个人,这其中有潜心研究制衣的工匠,也有来自互联网行业的创业者,我们今年会从七匹狼总部搬出去,到厦门软件园二期,这样可以与互联网更近一些。"

傲物网和狼图腾衬衫是七匹狼内部孵化出来的一个项目。作为一个传统的服装企业,进入互联网行业是一个不容易的尝试。傲物网团队的每一位成员有着自己的一份理解和坚持。每一位成员都有一份共同的初心——以最合理的价格,打造最极致的产品。在时尚当道的今天,许多服装产品为了追求利润空间,忽视了产品的耐穿性和舒适度。傲物网团队不希望在物欲横流的今天,一味求快,却忘却了衣物能给人带来的更多的实际满足,通过傲物网,用心打造出历久不衰的好产品,与大家分享。

2014 年 9 月 29 日,傲物网第一件匠心打造的极致单品——变革 140s 衬衫正式发布,同一天,也是傲物网出生的日子。为了寻找最优的原材料和工厂,不惜工本,遍访全球顶级的面料供应商,制衣工厂也选择了一家每天产能只有几千件衬衫的香港工厂。"为了把做工做到更极致,去年我们在制作衬衫时,一英寸(2.5 公分)缝制 18 针,现在能做到 25 针到 28 针,一般衬衫是 13 针到 16 针,到 18 针已经是很难得了,今年就能达到 25 针左右,非常精细耗时,但是慢工出细活,我们没有在做工上压缩成本。"赵乃超介绍。

七匹狼在中国男装企业中电商销售规模很大,尝到了甜头,也开始探索线上线下融合的模式,但摆脱原有只把线上作为一个销售渠道的模式并不容易。

▶ 一声狼叫引发的变革

聊起傲物网的由来,有两层含义。其一,恃才傲物。实际上这是个很

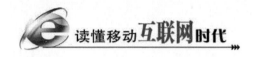

霸气的词,但它不等于霸气外露,不同于咄咄逼人,也许为人会很谦卑和善。它代表的是一种气度,能够有资格这样做的人定是有才华的人!他代表社会的中坚力量,一种超越卓越、渴望向上的力量。

其二,傲物是狼的叫声"嗷呜"的谐音,与七匹狼水乳交融,又代表互联网品牌的一种呐喊和声浪。

"我是一匹来自北方的狼,走在无垠的旷野中。"20世纪90年代,齐秦与他的《北方的狼》红遍了大江南北。与此同时,另一曲"狼的传奇"也正在中国浓重谱写,这正是七匹狼。

七匹狼在中国男装企业中电商销售规模最大,2014年双11销售额居天猫男装类目第二,2015年上半年网销收入约为1.3亿元,同比增超20%,但仍以清理库存为主。公司正在探索线上线下的融合模式。

"傲物"这一声狼叫把七匹狼引上了互联网时代的变革之路。

据中国服装协会数据显示:2014年,服装网购市场规模超过6000亿元,比2013年增长41.5%,占中国网购市场规模的22%。服饰类商品目前已成为网络购物的第一大销售商品。但随着服装品类的同质化现象越加严重,服装消费者的需求越来越个性化,服装细分市场未来必将成为整个服装市场增量的关键点。

线上发布极致产品渐成为一些服装、电商企业吸引消费者的重要手段。"高品质、低倍率"的产品策略是未来趋势,决定了"量大款简"的生产模式。赵乃超介绍,"一般中档男士服装的倍率是4~5倍,高档的服装在8~10倍,甚至更高,一件售价3000元的普拉达衬衫,成本一般不超过300元。简单来说,一件售价在600元的衬衫,成本大约在100元左右,这其中很多都被耗费在消耗不掉的库存、经销商和店铺成本之中,而我们要做的,是要把倍率控制在 2 倍左右,让高质量的衬衫不再是高收入群体的专享。"

极致衬衫不仅注重男士外在的着装感受和形象需求,在材质、配饰及工艺等方面的选材也精益求精,更希望融入男士的内心世界。好的东西都会引发口碑传播,但我们同时也遇到了一个问题,相比女性,男性更少会向自己身边的人推荐服装,即使自己觉得很不错。在初创阶段也不可能大规模投放广告,这给初期推广带来了难题。

➡ 与微博的一夜情

狼图腾极致衬衫的引爆点出现在 2014 年 10 月,在赵乃超看来,这与微博息息相关。

在这样一个全球性的中文社交广场,任何东西都有被随时引爆的可能。经历了太多汪峰上头条、王菲恋情之变,狼图腾衬衫异军突起,狼图腾衬衫发布这样一个话题仍然能排在第五位,成为当天排位最高的商业话题。

"与微博结缘,是我们当时一个重要的正确决定"。赵乃超遇见新浪闽南站的李云开时两人"惺惺相惜"。"李云开的通达干练、对互联网和微博营销的独到理解"给正处于创业孵化期的赵乃超打开了一扇窗。2014 年 9 月 29 日狼图腾衬衫首次面世的那场发布会,话题阅读量近 2000 万,位居热门话题排行榜第五位。而以极致衬衫为话题的"带你极致带你飞",话题阅读量更是达到 2300 多万,狼图腾官方微博粉丝数在短短三个月就超过 13 万,这样的效果让赵乃超始料未及。

"在互联网时代下,微信和微博是两个社会主媒体,也是关注度和影响力较大的两个平台,微信主要是在朋友圈中散播,有一定的局限性;而微博更像是一个大广场,谁都能看到,尤其是热点焦点问题,传播速度非常

快。当然，我们也会尝试在微信上进行活动推广，但更多地会集中在服务上，营销推广主要还是在微博上。"聊起微博营销，赵乃超兴致不减，即使我们的讨论已经持续了两个小时。

"什么是互联网公司？"

"什么是传统企业？"

"互联网和传统企业真正的区别在哪里？"

我调侃道，"互联网就是吹一个很大的牛，然后实现它"。

赵乃超坚持自己的工匠之心："通过傲物网平台，除了要将产品卖给客户，还要关注其传递给客户的价值，即这件产品的品牌价值和超性价比理念。我们将全世界奢侈品供应链的资源集中起来，去掉物料和营销成本，以低价战略向大众推广，就是为了向消费者传递大品牌"极致"这一理念，这也是我们品牌一直秉承的匠心精神"。

北辰说，一辈子，做对一件事情，做好一个产品。

第 6 章 召唤时代精神

低调才是最牛的炫耀

互联网对于清华系的学霸创业者,永远是没有更强,只有更霸。

学霸们一如既往地用最擅长的方式:答题! 来解决人生路上的一个个选择。

近水楼台先得月,不管是科学院南路的搜狐媒体大厦、五道口的搜狐网络大厦,还是同方大厦的搜狐移动,距离清华大学都不超过 2 公里。搜狐大 BOSS 张朝阳从清华吸收了一大批颜值平平,却才华横溢的理工男。

王小川就是张朝阳从陈一舟 ChinaRen 斩获的一块绝世好玉。如今,王小川这块玉已经身价过亿,成为互联网江湖无法忽视的一极。

当年凭借三个业界第三(搜狗搜索、搜狗输入法、搜狗浏览器),搜狗在业界做得风生水起。以至于当年的搜狗搜索之争,引得腾讯、360、百度争得脸红脖子粗。最终的结果,大家也是耳熟能详,腾讯抱得美人归,将不争气的搜搜并入搜狗,同时赋予搜狗一项特权,就是可以检索微信公众号产生的海量内容。于是社交搜索这一独门秘籍让搜狗在互联网江湖上有了更多的话语权。

BUT,智能手机为头条君的时代,只见手机厂商天天开发布会,媒体跑断腿。搜狗一如王小川的脸,太那什么朴实和低调了。低调的这个钻石

王老五婚否都没有人关心。妹纸都去国民老公王思聪微博刷个你死我活，那可是彻底的血海市场啊。妹纸们应该多看财经新闻，多关注蓝海市场，一点建议……

数字时代，看看数字：搜狗 CEO 王小川近日发布新年寄语透露，从财务层面上，搜狗 2015 年预计全年营收近 6 亿美元，利润超 1 亿美元。王小川表示，6 亿美元收入、输入法超过 QQ、手机月活跃度 2.4 亿，以及搜索方面有了微信内容和知乎内容等，是搜狗今年主要交出的成绩单。

2016 年，搜狗将在这些领域发力：①社交搜索；②输入法服务化；③大数据；④信息流；⑤智能硬件……

以下是搜狗 CEO 王小川《和时间做朋友》的新年寄语：

2016 年来了，在这总结过去，计划未来的时候，特别想跟大家分享我在知乎上曾经说的一句话：和时间做朋友。

回想自己对过年的感觉，早年间与现在的感受并不一样。在 1996 年来北京上大学之后的十年里，每到年底从快要圣诞节开始，便进入过年焦虑症，一直到元旦结束。

看到校园、商场、餐馆里张灯结彩，特别是一遍遍响起"叮叮当叮叮当铃儿响叮当"的圣诞音乐，更是不知道怎么面对。

这个节和谁过？怎么过？学习和生活中，我并不善于做计划或回顾总结，过去和未来都是钝感的，不论是每日争分夺秒地努力进步，还是玩游戏到昏天黑地，都与计划总结、过年过节没什么关系。看着别人有计划地过年，更觉得自己孤独和无力。

1999 年后，我在 ChinaRen 兼职，每日自我驱动，那会儿没有周末，除

第 6 章 召唤时代精神

了吃饭睡觉便是工作,每天只睡四个小时,常常困了倒在办公室地板上就睡,第二天早上编辑一上班就起来,更没有什么计划和总结。

2000 年之后,我开始带团队,ChinaRen 也并入搜狐,需要每周做工作总结和下周的计划。前些时间偶然间翻出来那会儿的工作周报,工作内容自己早不记得了,看着很陌生,但字里行间都透露出积极与深刻的思考,把自己都惊讶坏了——真是感谢那个曾经很努力的自己。

2003 年毕业后,全职进入搜狐,开始创建搜狐研发中心,也就是搜狗的前生,于是开始做月度规划。

2010 年秋天,搜狗重组,我开始做搜狗 CEO,每个季度要在华尔街发财报,生命的时钟一下子变快了,以"季度"为单位过日子,一晃又到了季度末交卷答分析师问,没多久一晃又是一个季度……一年就这么过四次印象深刻的日子。

时间过得很快。从 2010 年底开始第一次参与发季报,到现在已经发了 20 次季报了。那时候的季度收入是 800 万美元,每一次季报环比都是飞速增长,不断超越分析师预期,到现在已经超过了 1.6 亿美元。

回顾这些年,20 次季报期间,我们经历了各种艰难,度过了各种危机,有弹指一挥间的感觉,也有恍如隔世的感觉。指数效应挺神奇的,每个季度虽然都是进步和突破了一点,但累积起来,就是脱胎换骨般的变化。

今天的搜狗是什么样的呢?从财务上看,预计 2015 年全年收入接近 6 亿美元,环比增长超过 50%,利润超过 1 亿美元,环比增长超过 200%。

从业务上看,搜狗输入法手机用户月活跃数超过 2.4 亿,并还在快速增长。

搜狗搜索虽然离巨头还有差距,但是已然成为唯一有竞争力的挑战者,不仅流量持续成长,而且自 2015 年开始,基于微信内容和知乎内容的引入,

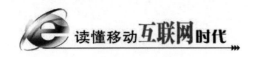

更有了差异化竞争优势，这是搜狗搜索发布10年来，首次开始有了正面突破的能力。

作为一家技术公司，我们在语音识别等基于前沿算法的领域上也展示出自己的能力，每天服务1亿多人次，是最大的语音识别服务提供者。搜狗2000多员工，完成了竞争对手10倍人数的工作量，并且在财务和业务成绩上不断逼近。

看到同学们艰苦奋斗取得的成绩，我非常骄傲，我们有顶尖的技术和一流的工作能力。但是在巨头的光芒下，搜狗还不够亮。我们也还没有到达彼岸，实现搜索技术和产品的颠覆与突破。

不断超越行业对搜狗的预期，把质疑转为勋章，实现突破，是我们共同的使命，我们比10年前、5年前，比之前任何时候都更好，更接近这个突破。

20年后，我发现自己已经不再有过年焦虑症了，这是工作带给我的，不再孤单、不再无力了。回想过去，做了很多有意义的事情，有沉甸甸的收获；面对未来，也充满了信心。我开始和时间做朋友。

和时间做朋友，意味着我们要时时刻刻追求自身的进步，从优秀变为卓越；意味着在趋势和变化中站在正确的轨道上，去好奇世界运行的规律和本源；意味着我们不畏惧成长和老去，让生命变得更有意义。

如果能和时间做朋友，就不会再迷糊地一天一天过，不会为季度或者年度总结而焦虑。我们会带着过去的收获，憧憬未来。

2016年已经开始了，社交搜索、输入法服务化、大数据、信息流、智能硬件……我们会展示出更多的创新和力量。搜狗与你、与我，一起和时间做朋友。

北辰说，低调才是最牛的炫耀。

第 7 章
连接一切

- 微票儿C轮获15亿元人民币融资,高增长的秘诀在于"连接"
- 乐视八阵图连接一切

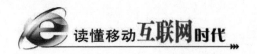

全球最大的出租车公司 Uber 没有一辆车；全球最热门的媒体所有者 Facebook 没有一个内容制作人；全球市值最高的零售商阿里巴巴没有一件库存商品；全球最大的住宿服务商 Airbnb 没有任何房产。这些表明，一些有趣的事情正在发生；真正的财富创造仅仅是连接。别在你所在的圈子看世界。如果你能整合别人，说明你有能力；如果你能被别人整合，说明你有价值。这就是趋势！这就是连接一切！

以下用几个实战案例加以诠释。

第 7 章　连接一切

微票儿 C 轮获 15 亿元人民币融资，高增长的秘诀在于"连接"

移动互联网时代玩法变了，财富真正的创造，秘诀是什么？

就是连接！

你能够连接别人，证明你有能力；你能够被别人连接，说明你有价值。而腾讯、Uber、Facebook、阿里巴巴、Airbnb 等"连接器"无一不是市值百亿、千亿美元的公司！

这不禁让我们思考。

谁是下一个百亿、千亿美元市值的"连接器"？

这样的公司产生在哪些领域？谁又将成为这样的公司？

所幸之事，这样的期待并不遥远，移动互联网时代，中国拥有最优质的土壤，就是潜在的 13 亿移动互联网用户，并且一些优质的公司正在浮现。微影时代是目前不可忽视的存在！

日前，微影时代确认完成 C 轮融资，融资金额达到 15 亿元人民币，成为行业史上一笔最大的金额融资。据悉，本轮融资由北京文资华夏影视基金领投，参投方包括信业基金、纪源资本、南方资本、诺亚歌斐、新希望等多家基金，原股东为腾讯、万达、引力跟投。微影时代市场估值已近 100

亿元人民币。本次融资为电影票务市场垂直领域的最大一笔融资。

微影时代是谁

微影时代总裁林宁将旗下品牌微票儿定义为泛娱乐行业与亿万移动互联网用户之间的"连接者"。与微信活跃的社交属性一致,微票儿通过红包、约看、众筹等多种社交工具与制片方广泛展开合作,用"懂社交的大数据"将电影与观众更好地连接在一起。

北京微影时代科技有限公司成立于 2014 年 5 月,定位基于移动社交的电影、演出、体育等泛娱乐营销与发行平台。"微票儿"拥有三大购票入口,包括微信钱包"电影票"、QQ 钱包"电影演出票"和"微票儿"APP。依托微信 6.5 亿用户、QQ 8.6 亿用户,借助活跃的移动社交优势,微票儿帮助电影、演出、赛事等泛娱乐产品触达海量的移动互联网用户,实现快速便捷的消费转化。

通过不断连接场景与内容,微票儿用一年半的时间覆盖 4500 多家影院及 90% 的观影人群进驻 1200 多家剧场、体育馆和展馆。2015 年国庆档,微票儿在中国电影票房的份额占比突破 25%,即每四张电影票中,有一张来自微票儿。

如何造就一家独角兽公司

腾讯开放平台总经理侯晓楠表示,微影时代是腾讯众创空间"双百计划"中第一家市值破 10 亿美元的企业。伴随着互联网+,娱乐文化领域有巨大的发展机遇,我们对微影时代的商业模式充满信心。腾讯愿意与微影时代这样充满活力的伙伴携手,"连接一切"。

第7章 连接一切

翻开微影时代的成长日记，是标准的独角兽公司轨迹。"跑道的容量足够大、大势所趋、优质流量入口、强大的资本助力、独特的差异化路线"，这些标签在微影时代身上都能找到匹配的诠释。

2015年4月27日，微影时代就已完成1.05亿美元B轮融资。这位于2013年年底切入在线电影票务的玩家凭借"海量微信和QQ用户+强社交"优势迅速跻身国内行业前三，并在竞争愈发激烈的2015年率先亮出了差异化"牌面"。目前，除在线电影票务以外，微影时代将演出票务和体育票纳入了微信（"电影票"公众号）和QQ入口，此举将其试图用在线票务切入大娱乐产业的野心暴露无遗。

大娱乐产业的方向是否能让微影时代打开一扇更大的窗户？正如易凯资本CEO王冉所言，互联网对包括娱乐在内的很多传统产业的重构会是一个持续的投资主题。而有了资本的注入，微影时代无疑有了更多值得期待的可能性。

▶ 初窥门径：意想不到的增长曲线

连林宁都想不到的是，从微影时代进入市场到现在的一年半时间内，微票儿走出了一条漂亮的增长曲线：2015年暑期档的占比达到17%，随后的国庆档持续发力，凭借联合发行或参与营销的《夏洛特烦恼》《九层妖塔》《解救吾先生》等黑马影片，再夺25%的票房。

这样的效率背后是几大因素联合叠加的友好化学反应。

① 大环境：赶上了中国电影市场和在线选座市场的井喷，受微信本身庞大的用户体量及品牌力度的辐射。

② 运营层面：不断推出预售、红包、包场、团体采购、衍生品等新形

式与新产品，通过充分的线上互动，更好地触达用户。

③ 团队层面：核心团队集合了电商、宣发和管理等人才，具有 O2O 电商和传统营销的基因。

爆款内容和资本是两大二级火箭

尝到增长红利和取胜之匙后，如何从一家优质的独角兽迈入伟大公司行业？

什么是微影时代的二级火箭？

爆款内容连接用户、资本连接行业是微影时代最重要的两大助推火箭。

（1）借助大数据推动互联网+，爆款内容连接用户

内容为王是永远的主题，如何打造爆款内容，同时让内容之间互相打通，互相形成协同效应是一大难题。微影时代给出的解决方案是：借助移动社交大数据的力量。

电影市场，微票儿通过 IP 开发、投资出品、移动营销、互联网发行等方式，深度参与到整个产业链中。朋友圈文娱类广告独家代理的巨大渠道资源，9 个腾讯大电影 IP、300 个上海美影厂 IP 及多家影业公司战略合作是微影时代拿下的优质资源。凭借娱乐消费用户的大数据，微票儿能够从出品到宣发的各个环节精准把握用户需求，推出更受市场欢迎的影片。

《十万个冷笑话》《大圣归来》《洛克王国 4》《少年班》《黑猫警长》《九层妖塔》《心迷宫》等多部电影无一例外地出现了微影时代的影子，2015 年投资影片创造了超过 20 亿元人民币的票房成绩。在接下来的贺

岁和春节档期，微票儿参投的《绝地逃亡》《西游记之孙悟空三打白骨精》《大话西游3》等影片将会先后上映，还有业界广泛关注的国产科幻大片《三体》。

在演出与体育方面，作为票务主运营平台，承接了国内主流音乐节，包括草莓音乐节、爵士音乐节、乐谷音乐节、东海音乐节、珠海音乐节等，发起了开心麻花、李宇春演唱会、冰川时代冰上秀等知名项目的票务抢票活动，与众多国际著名 IP 合作，独家承办或联合营销诸如《星际迷航》、小黄人、泰迪熊等超级 IP 的中国巡展等重磅项目。微票儿还与体育之窗展开战略合作，成为中超、CBA、NBA 中国的合作伙伴，启动了与大型国际赛事在营销、票务等领域的深度合作。

行业大数据方面，微票儿推出实时票房分析系统，为行业从业者提供实时票房、预售、上座率、票房排行榜等精准、实时的数据查询服务，依托微票儿大数据平台积累的优质用户数据和分析能力，为电影的宣发、营销提供了可依据的票房分析与预测服务，透过数据看电影，助力中国电影产业良性健康发展。

（2）用资本之力加速连接娱乐产业

目前,微影时代旗下的微影资本已募集基金规模超过30亿元人民币，资本总额已进入文化娱乐基金的第一梯队。其中，与诺亚财富成立了规模20亿元人民币的微影诺亚文化产业基金。微影资本将同时针对电影、演出展览、体育三大领域的泛娱乐内容进行项目投资，以及针对原创内容、制作与发行营销、场馆等全产业链进行股权投资，在文化产业进行深度布局。

在原创内容领域，微影资本参与投资了大神圈、贝客文化、以梦为马等企业；在制作、营销与发行领域，参投了君舍文化、微摇、灵思传奇等

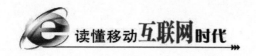

企业；在影城管理领域，投资了中环、比高等优质公司；在演出领域，投资了十三月音乐、喵特动漫等企业；在体育领域，投资了金港汽车公园、莱德马术等企业。

微票儿在下一盘很大的棋，而移动互联网时代，大娱乐产业的发展给了这盘棋本身最宏伟的注脚。一个全新的娱乐生态在徐徐浮出水面。"连接"的力量才刚刚开始呈现……

北辰说，移动互联网就是连接一切！

第 7 章 连接一切

乐视八阵图连接一切

2015 年 9 月 24 日,北辰在香港参加了一场发布会。与以往不同,以前看跨国公司展示先进产品和核心技术,一边赞叹之余,一边纠结,为什么中国就不能生产出领先于世界、成名于海内、让天下叹服的"作品"。

24 日下午,在香港九龙东的皇冠假日酒店,一改往常,北辰作为大陆的代表坐在第三排,周围皆是港媒还有金发碧眼的外国同行。在离我不到 5 米的中心舞台上,乐视致新的梁总宣布第一款生态电视超 3 Max 65 全球首发,现场的人机交互技术、枪王演示、远程语音对讲、语音交互震撼了所有的海内外媒体,尖叫声和掌声成为现场的常态。"Surprise"是坐我旁边的港媒所用的最多的一个词汇。

不管从内容还是硬件,乐视已经代表了极致的未来体验,然而,如果劈开脑洞,乐视让所有观众尖叫的核心秘诀是什么?

答案就是乐视独有的一套生态逻辑:"平台+内容+终端+应用"相互协同,生态化反,变化莫测。

作为全新定义的生态电视具有八个标准:平台、内容、硬件、软件、应用、运营、定价、销售。北辰将之概括为"八阵图",诸知《八阵图》是三国诸葛亮创设的一种阵法。相传诸葛孔明御敌时以乱石堆成石阵,按遁甲分成生、伤、休、杜、景、死、惊、开八门,变化万端,可挡十万精兵。

这个由天、地、风、云、龙、虎、鸟、蛇八种阵势所组成的军事操练和作战阵图，是诸葛亮的一项伟大创造。

乐视生态电视的八个标准与八阵图有着异曲同工之妙，意义在于中国互联网终将C2C（Copy to China）的帽子扔掉，用中国的智慧打造领先于世界的互联网生态文明。

为何乐视生态电视会产生奇妙的生态化反，颠覆又极尽极致的用户体验？

今天北辰和读者一起深入乐视，揭秘乐视八阵图让海内外用户尖叫的秘密！

▶ 乐视八阵图：天——平台

首先是生态电视需要有一个平台，乐视为生态电视打造了一个强有力的平台。它分四个部分，分别是云平台、电商平台、广告平台和大数据平台。第一，云平台，就像汽车的高速公路一样，能让乐视高码流的视频以最快的速度无卡断地传到你的屏幕面前。第二，电商平台，乐视可以不依靠渠道而直接与用户互动，让用户的价值得到最大的体现，让用户与乐视零距离。第三，广告平台，广告系统和大数据系统都是生态电视非常重要的平台。第四，大数据平台，对于互联网公司来讲是靠数据来经营、来挖掘用户的需求，可满足用户的进一步需求，甚至靠数据来发现用户需求的变化。这四大平台构成了整个生态电视强大的支撑，而且这些平台的建设不是一朝一夕就能成的，对于试图模仿乐视生态的企业或者竞争对手，实际上乐视是给它们构筑了一个非常高的门槛，要想真正竞争，实际上是不容易的。

▶ 乐视八阵图：地——内容

内容，生态电视的内容不仅仅是要向用户奉献海量的自有特色内容，还要给用户提供基于公网和第三方内容的接入并且持续更新,不断将最新的内容呈现在用户面前,并且满足用户的影视、体育、娱乐、教育等全方位的分众用户的内容需求。内容产业将是未来第一大产业,此处重点详述一下。

在内容方面,实际上乐视一直在尝试占据着江湖第一的地位,乐视在动漫的版权资源方法做了大量的储备。目前,乐视已经进入第一阵营并有望成为第一,尤其在教育、儿童类。另外,在音乐和体育方面,乐视的内容也是快速崛起。其中,乐视音乐已经成为中国第一音乐直播平台,而体育几乎囊括全球最顶级的体育赛事。

举几个应用场景。

(1)电影:很多电影发烧友都有这样的想法,用电视看电影。针对电影发烧友,乐视提供了具备发烧标准的内容,让超级电视成为家庭私人影院。大屏幕上显示超级电视在 9 月份上线的几部电影,每一部都是近期电影院的票房大作。类似这样的电影,乐视本月一共上了 13 部,平均每周 3 部。什么叫发烧?就是有造血功能,从内容的创作上就要开始烧起来,大屏幕上显示的乐视电影创作团队,基本上代表了中国各种类型电影的顶级创作水平,如张艺谋的国际化电影、徐克的武侠类电影、郭敬明的青春类电影,不断地给用户提供发烧级的作品,让用户能够停留在大屏幕面前,享受生活。究竟有多烧呢?乐视到今天为止,已经与好莱坞六大电影公司签约合作。每年将为用户提供不少于 700 部大片。大家可以算算,平均每天有多少部?电视剧方面不用说了,乐视一直都是电视剧领域行业公认的巨鳄。乐视现在拥有全国最大的电视剧版权库,10 万集电视剧,核算下来,基本上每天能看 5~6 集,估计能看 40 年。实际上根本看不完,非常多的可选择内容。另外,乐视有很多电视独播的超级大剧,《芈月传》是《甄环传》的姊妹篇,还有《锦衣夜行》等其他电视剧,只有乐迷才能有机会享受。

乐视在一线电视剧的热剧覆盖率超过80%。乐视在大屏版权上已经是中国综艺节目的第一阵营，也拥有非常多的版权内容。

（2）体育：对体育迷来说，乐视不是台电视，而是你的运动竞技场。实际上，目前乐视的版权实力可以说是孤独求败，已囊括了全球超过220个顶级国际影响力赛事，超过120个全球独家高端精英赛事。为了给用户带来最极致的体验，乐视组建了黄金团队，黄健翔等基本上代表了各赛事的最高解说水平。乐视已经是全网第一足球平台，涵盖了全世界68%的世界职业足球联赛。其中有45项独家版权权益，也彰显了乐视在足球方面的版权实力。

（3）篮球：乐视为90后打造了一个专属的自制区，提供最新的体育赛事直播。温布顿网球赛，未来有三年的全网独家版权。高尔夫更不用讲，乐视覆盖95%的职业高尔夫赛事。

（4）F1：F1乐视拥有全网独播的版权。实际上，乐视给用户提供了一个全新视角的观看，可以以六路观看信号。你自己可以选择从哪个视角看F1，自己给自己做导演。

（5）音乐：谈到音乐，实际上对于音乐来讲，音乐发烧友不再像过去那样只是想要更多的MV、更多的音乐内容，他们第一时间想要的是音乐生活。乐视力图对音乐发烧友提供以现场直播为核心的大屏音乐服务。乐视音乐是目前中国最大的音乐现场直播服务平台，有超过300场的直播演唱会、20个国际的顶级音乐节和60场以上的精品音乐会。尤其对于音乐的品质来讲，乐视采用了顶级标准。到目前为止，乐视已经拥有20场4K的演唱会内容4800分钟、500首歌曲的4K音乐视频内容。这些都是你从其他产品和竞争对手那里找不到和看不到的，但乐视乐迷能够享受得到。

（6）游戏：对于游戏迷来讲，实际上在过去的很长一段时间里，电视离游戏有点遥远，大家把电视当做一个看视频的平台。但实际上，随着电视机性能的不断提升，游戏在电视、在大屏这样的互联网生活中会越来越多地占据重要的位置。但是由于电视机与电脑、其他的手机等设备不一样，用户没有办法直接操作电视机，因此对乐视来讲，在审视电视这个行业游戏战略时充分看到了未来的交互方式，不可能弄很长的鼠标来操作，当然会有用户这么干。乐视关注的是未来的基于远距离的体感操作，实际上是希望能够让用户体验出一种身临其境的感觉，即拿着一些设备，通过技术手段、高科技手段，能够非常好地体验到在电视大屏端游戏的乐趣。到目前为止，乐视超级电视已经是中国当前的第一大游戏平台。为什么这么讲？大家只要接触了在国际做游戏，尤其是做电视游戏的供应商，就知道游戏在哪个电视机上装机量最多、活跃度最高。基本上，答案都是乐视。今天不是在这儿吹牛，大家可以回去验证。乐视非常坚持百分之百的精品策略，尤其在未来的一年时间里，乐视希望乐视的体感类游戏将达到百款。乐视不仅支持全身骨骼体感，也支持手指的精细化体感、红外体感，还有陀螺仪、重力传感器等。乐视将在体感类技术领域做到全行业领先甚至全球领先，并正在为这个目标而奋斗。同时，乐视整合了国内体感游戏众多优秀的IP和应用供应商，一起来为乐迷提供精彩的体感类游戏。什么叫沉浸式的体感游戏呢？就是拿着东西，不能拿着遥控器。大家为什么去游戏厅玩游戏的时候会感觉比较爽（当然最不爽的就是投币太快），那就是有一个非常大的屏幕，非常强的视觉冲击力；再有就是声音非常大，感觉就像在电影院里一样，最重要的是，当你想打枪的时候，给你一把枪；当你想开摩托车的时候，你是坐在摩托车的座上；当你想开赛车的时候，给你一个赛车方向盘。所以，这种沉浸式身临其境的游戏是每个人内心深处的追求。而乐视的追求就是希望通过大屏的操纵、通过真实的体感、通过应用、通过技术的创新、通过体感的配件，让你沉浸在一种身临其境的场景，而且要做到简单、易上手。

在发布会屏幕上看到的这些就是已经登录或即将登录在乐视超级电视上的大作游戏。这些游戏都是基本上接近于在 XBOX、PSP 等游戏主机上的游戏体验。由于乐视电视拥有强大的 CPU 和 GPU，拥有非常大容量的内存，因此这些游戏在乐视电视上可以非常流畅地运行，可能换一台电视就未必会这样了。

所以，对于乐视来讲，给用户所提供的产品、提供的配置已经远远超越了只是让用户简单地看一个视频。乐视要赋予更多，游戏就是一个非常鲜明的例证。

(7) 教育：在儿童教育方面，乐视发现，在关注后台运营数据的时候，有一个过去没有意识到甚至是忽略的数据，就是儿童教育、动漫，包括亲子这一类的视频播放量在一年中的几个最关键的时段里是领先的，超越了电视剧、超越了电影。乐视惊喜地发现，真正的乐迷里有 6~7 成的用户是家庭用户，也就是三口之家或者四口以上的、家里有小孩的家庭用户。因此，儿童教育将是乐视整个超级电视未来内容应用非常重要的一环。在儿童教育领域，乐视的理念就是希望乐视的超级电视能够成为孩子的好伙伴和父母的好帮手。

以上只是举了几个针对不同人群提供生态内容的例子，大家可以看到，乐视不是简单的堆一些数字，而是基于海量内容做持续的创新和颠覆。

乐视八阵图：龙——硬件

硬件，今天的生态电视依然如此，每个新硬件在发布的时候都要代表当时市场上最顶级的配置和最高性能的产品。乐视又加上了一句：并且能够满足未来在生命周期内长期的持续运营。这就是乐视认为的生态电视硬件标准。

再来回顾一下乐视在香港发布的产品：两大系列、三大旗舰、六款产品。极限旗舰 Max65；顶配旗舰 X55 Pro、X55、X50；标准旗舰 X 系列：X43、X40。第 3 代超级电视将在全球发售。为了做到这一点，乐视商城已经完成了全球化升级的准备，启用了全球域名：www.lemall.com。2015 年 9 月 29 日中午 12 点，在乐视商城和乐视乐趴超级合伙人的店面同步发售全系列产品。美国将在 Q4 发售，具体时间乐视稍后公布，香港将在 10 月下旬发售超 3 新品。

第 3 代乐视超级电视公布了刚才没有公布的 X55 Pro 的价格：5499 元；标准旗舰 X43 的价格：1899 元。相信这两个价格对整个市场和竞争对手会产生足够大的压力。乐视超 3 的发布，能够让乐视生态及乐视的超级电视站上一个全新的舞台，并打开一个新的局面，让整个互联网、整个乐迷为乐视的电视欢呼，让乐迷有机会用更低的成本来获得更高级的服务。

乐视八阵图：虎——软件

第四个是软件，生态电视的软件必须是可迭代的，可以横跨终端的，同时又是能够支撑运营并长期为用户提供多样化服务的平台，让用户参与进来。后面的发布会有一个章节专门给大家介绍乐视在软件架构上做了哪些革命性的变化，让乐视生态电视的理念落地，让用户感受到生态电视带来的魅力。

乐视八阵图：风——运营

运营。生态电视不仅仅是一台电视，还是一个开放的闭环生态系统，

对用户和乐视的合作伙伴来讲,都可以参与到这个系统里来一起做研发、一起运营、一起做售后和客服的各个环节,共同构建生态的发展。因此,乐视是一个可以运营的、开放的系统。这是生态电视运营的标准。

仅仅有生态内容就够了吗?真正的核心是乐视围绕不同的用户做生态内容的深度运营。无论是未来乐视将要实现的在电视端做最新大片的超前点映,还是乐视给用户提供不同角度体育直播的转播或者线上线下O2O的音乐会,都是乐视基于生态内容、基于围绕用户重新思考的运营。

所有上面讲的这些丰富多彩的内容都需要通过电视端的生态UI展示出来。乐视的UI系统实际上是乐视整个生态系统和生态服务的灵魂,有了它,才能让那些令人尖叫的生态服务触手可及,并且简单应用。

➡ 乐视八阵图:云——应用

生态电视的应用。乐视认为,应用不应该是一个个独立的个体,而必须要打破APP的孤岛效应,让应用桌面化。也就是说,用户不用再一个个点击APP图标来寻找应用,而是让用户从APP里跳到桌面上,让用户更方便地直接获取内容和相应的服务。

➡ 乐视八阵图:鸟——定价

定价,去品牌溢价,可以低于量产成本定价,依靠多纬度、多层次的生态盈利模式来补贴硬件,用户可以自主购买裸机或合约机。

➡ 乐视八阵图:蛇——销售

销售,通过后续的服务收益来补贴渠道的方式使得线上线下第三方全

第 7 章　连接一切

部同价。另外，采用现货的购买方式，可满足用户的不同需求。

➡ 总结

乐视开创的生态电视具有八个标准，分别是平台、内容、硬件、软件、应用、运营、定价、销售。这八个标准之间不是孤立存在的，而是必须要通过生态化学反应，为用户提供极致的体验，这样才能称之为一台生态电视。

一直以生态协同著称的乐视，此番在香港先后围绕内容和硬件进行两场重量级新闻发布，诠释了乐视生态的力量、优质的内容，搭配上功能强大的智能硬件，将为用户带来极致的服务与体验。近期在香港的动作不断，也昭示着乐视进军海外市场的决心。

北辰说，乐视生态的本质是什么？就是连接一切！

第 8 章
O2O 逻辑

- 独家解析：汽车后市场 O2O 卡拉丁的商业逻辑
- O2O 开放平台五环破四难

独家解析：汽车后市场 O2O 卡拉丁的商业逻辑

"成人达己"是"现代经济学之父"亚当·斯密在《国富论》中提出的市场逻辑。在卡拉丁经常可以从季成口中听到这样的词。季成，卡拉丁董事长，有着17年汽车保险代理、汽车后市场服务经验及21年企业管理和培训经验。移动互联网的大势不言自明，只不过一向专注汽车后服务市场的季成一不小心成了风口的那头猪。有幸当了头移动互联网时代的猪，当一头挥着翅膀的猪可不容易。两件事：左手团队、右手融资。

于是有了现在沉稳干练的 CEO 贾纪平。贾纪平 1998 年考入清华大学经管学院，成为清华大学经管与麻省理工斯隆管理学院合作的国际 MBA 项目第二届学生，曾任数码媒体集团有限公司副总经理，主管商务拓展。2015 年 5 月 15 日，在卡拉丁在京举办的"全澄行动"第四代车用空调滤清器产品发布会上，两个创始人面对几十家媒体的长枪短炮游刃有余，十足有了领军企业的味道，开场的客户证言给了两个男人十足的底气。

除了客户和团队，卡拉丁的底气还来自于另一方面，那就是资本的助力，2013 年 1 月获得戈壁数百万元天使投资，在北京、上海、天津进行上门养车市场的布局。2014 年 4 月 15 日，卡拉丁对外宣布获 1000 万美元 A 轮融资，融资用于继续拓展业务品类和覆盖城市。

第 8 章　O2O 逻辑

➡ 为什么是汽车后市场 O2O

卡拉丁成立于 2012 年 3 月，此前名为"信捷修"，2013 年 8 月正式更名为卡拉丁，面向 C 端用户汽车上门养护服务提供商，季成担任董事长，贾纪平任总经理。车主通过卡拉丁官网、微信及 Call 进行预约上门养车服务，卡拉丁为车主提供更换机油、机滤、空滤及空调滤的养护服务。服务结束后，车主可以选择支付现金或刷卡。根据车主选择的配件来确定费用，另外还需收取 150 元服务费，对于车主自备的配件，卡拉丁则只收取服务费。

为什么是汽车后服务市场 O2O？

贾纪平的一句"养车服务的痛点并非是价格不透明，而是养车服务的不透明。"言中要害但还不解渴。

根据中汽协预测的数据显示，到 2020 年，国内汽车保有量将达两亿辆，在亿级的汽车保有量背后是一个千亿的汽车后服务市场。在整个后服务市场的细分领域，洗车 O2O、保养 O2O、二手车 O2O 已成为国内众多互联网创业者切入后市场的重要选择。

然而与发达国家相比，汽车后服务市场总体水平还比较低，增长空间巨大。保养和维修属于高客单价（超过 100 元）、高频互动和刚性需求。

卡拉丁的商业模式一点都不复杂，但土壤必须是中等发达的移动互联网。智能手机成为需求的发起点，用户利用碎片化的时间可轻松、简单、快速、安全地完成汽车的养护工作。

➡ 卡拉丁汽车养护 O2O 解决了什么痛点

车主汽车养护的时间呈现一定的规律性，即极度的碎片化、节假日

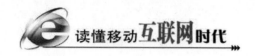

前保养,造成一个现象:节假日里 4S 店车水马龙,耗费一天时间非常正常,假日时间都耗在等候当中,且多数车辆不需要动大工程,只是简单的保养操作。

上门服务节约时间成本,是对车主最大的吸引之一。网上下单,选择需要的套餐,不用担心实体店员无休止的推销,电话预约,免去排队等候的煎熬。简而概之,提供上门服务,透明化服务。解决在大城市的用户去 4S 店的各种不便、堵车、等候、不了解服务过程等因素。

与此同时,与传统的线下接受养车服务对比,消费者有明显的三个变化:

① 接受服务时心理预期较低,接受服务后,卡拉丁 O2O 服务的全程透明、全程摄像跟踪等移动互联网企业讲究的极致体验、极致性价比易增加客户的满意度。

② 随时随地的服务场景让主客场关系发生了变化,客户更容易产生信任。

③ 微信下单,全程影像跟踪让用户有了参与感,满足了客户更高层次的需求。

体验为王,如何标准化技师服务

上门汽车保养服务配件和保养技师如何实现服务标准化?卡拉丁给出的解决方案是:保养耗材均来自各大品牌授权的一级经销商,保证正品和产品质量。保养团队技师均来自专业汽修学校,保养经验丰富,每位技师必须保养过 100 台车、接触过 30 种不同车型才能上岗,确保服务质量和水平。北辰发现独创的发明是:养护的全程由专业的影像设备跟踪,所用的耗材同步保留一个样品,留给用户,便于建立档案和保真核查。

第8章 O2O 逻辑

▶ 上门汽车保养的核心价值在哪里？商业逻辑是什么

卡拉丁董事长季成有一套自己的逻辑："成人达己"。

（1）上门一小步，改变一大步

看这样两个场景：① 到店服务，在中国这样的环境里边，很多人讲痛点，想象你在周末去保养的时候堵车，堵了很久，到了店里边要排队，继续等，从早上九点半来，到下午四点半才弄完，这就是传统到店服务一个大家习惯的场景。②当时我就想，能不能做个什么改变？能不能够上门去做？能不能把这个事做成一个简单的事？其实就像之前大家用电脑、用手机，一定要有键盘一定要有鼠标一样，乔布斯做了最了不起的一件事，就是用你的手指头指挥这个手机。这就是人的天性释放，上门我们希望做这样一个改变。

（2）上门改变了半径

到店和上门的不同就是改变了半径，以车主作为一个纬度。车主需要花时间、需要花油钱、需要选一个认可的店，这样就形成了成本半径。无论是 4S 店还是传统的路边店，都要选一个好的地方，要和周围的店竞争，每天要有产能，这些形成能力半径。这两个半径叠加形成服务半径。这个服务半径在传统到店服务的时候无论如何不会是零，无论如何，一个店没有办法覆盖到所有城市，所以我们提出一个观念，连锁店尽可能靠近车主。

其实仅仅上门这一件小事情就是对物理半径的改变。对于车主来说，可以在他想待的地方、在他有空的时间等着我们上门，所以对他来讲，他的成本半径近乎等于零，对于一个上门保养的服务商，他的能力半径就是车主的车能开到哪儿，我们基本上能跟到哪儿，所以灵活性、可部署性、

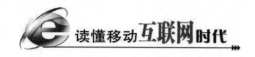

成长性非常快。从 2014 年 7 月开始确立趋势之后,我们连续 8 个月均有 50% 以上的成长。这个在传统的汽车服务行业里边是不太好想象的一个速度。我们很敬重传统汽车行业,这个行业需要多花心思,能不能用简单的方式让成长更快一些,这是我们的思考。我们觉得改变半径之后,第二个有价值的东西就来了。

(3) 上门改变了效率

传统到店服务大家都努力争取,包括希望做一个信息化的平台,包括让客户能够尽可能预约上。对于卡拉丁来说,所有的服务都提前 24 小时,我知道是哪个车主、什么样的车、要做什么样的服务、在什么地方、什么样的时间段。互联网化的应用就是把移动互联网技术和我们开创的移动上门保养技术结合到一起。我们的技师到现场马上就可以开始工作,因为所有的信息都是确定的,从而可以提高整个行业的效率。另外一个提高效率的方面是对客户效率的提高,过去客户基本上要赶到周末去保养,现在可以在他上班的时候或在跟别人谈事的时候,也可以是在看电影的时候,任何一个碎片化的时间、方便的地方都可以享受我们的服务。所以,这种改变我们认为是开创上门汽车保养最重要的一个贡献,就是提升整个行业的效率,把互联网技术和移动养护技术结合到一起。

(4) 上门改变了场景和认知

有一个车主在他的朋友圈分享了我们卡拉丁的服务,说卡拉丁的服务很专业,技师很用心,还提供一把椅子和一瓶水,而 4S 店是皮沙发、小吃、电视、按摩椅,太舒服了,逼着我去想为什么卡拉丁不这样呢?后来我想可能主要原因是车主认知的变化,过去到店服务,车主觉得是客,到店的主要目的是保养,所以车主所有的这些开心感觉在看到账单的那一刻就会迅速下降。而对于上门汽车保养,特别是移动互联网时代的上门保养,车主会觉得自己是拿着神灯的阿拉丁,我们的技师是被车主召唤的神仆:来吧，给我干活。认知的改变使车主觉得自己有了自由，有了呼风唤雨的能力，这是移动互联网和新的汽车结合带给车主认知的改变，也是车主在用了我们的服务之后，重复购买的次数会非常多的原因。我们认为，可能是我们对传统市场致敬的同时让我们能够迅速成长，能够从传统市场形成一个合力服务车主。成长增加了我们的信心。

（5）上门汽车保养的价值

企业好不好由两点决定：一是消费者价值，消费者由于价值形成议定的价格就是你的收入；另外一个是效率，效率决定成本。两个差额就形成利润。卡拉丁上门汽车保养的核心价值是什么？对于消费者来说有三点：第一点是方便；第二点是便宜，因为有成本的优势、效率的优势；第三点是可靠，因为更透明，可被消费者监控，就像有壹手用了视频摄像随时传送一样。对员工来说，在思考自己企业价值的时候就会把工作想得很简单。这行业就两个人：一个叫车主；一个叫技师。能给技师什么价值？对于卡拉丁员工来讲就是希望收入高，每月可以挣七八千块钱，所以这个时候讲劳动最光荣，一个蓝领的工作可以挣到白领的收入，会觉得很有尊严。我们有一位技师，原来在山西开修理厂，干了7年也没有成功，就投奔我们卡拉丁来了，最开始时，给他算账差两块钱，他说算得不对，要给他改。去年年底，我们开投诉客户答谢会，他也是参与的一员，从我们点部打车到办公室，下车时候给司机20块钱，很大方说不找了。他给我们讲这个事时，突然觉得他心态变了，从一个刚来的时候两块钱都计较的一个工人，变成了一个愿意去帮助别人的人、有了新阶层意识的人，所以我们觉得非常自豪。希望能够通过我们每一个这样企业的努力，在座的每一位的努力，让我们员工都能够进入劳动中产阶层。

北辰说，O2O脱掉外衣就是服务。

O2O 开放平台五环破四难

O2O 从 2014 年的野蛮生长、跑马圈地进入到 2015 年，节奏变了，抱团取暖、连横合众、沉淀整合成为主旋律。

分享一张 O2O 象限图：

"象限法则"观点，即对用户来说，过多的同质化服务容易产生"选择焦虑症"。O2O 服务商即使提供免费试用，但在体验之后也未必能够转换为长期活跃用户。对 O2O 服务商来说，高频切入低频、综合兼容垂直是大势所趋，靠烧钱来刺激消费的路子走不长。"象限法则"概括了 O2O 行业的普遍问题，即服务商要面对"地推贵、补贴高、频度低、黏性差"这四大痛点。

问题来了？四大痛点这么痛！如何通？

触宝 CEO 王佳梁给出的解决方案是：五环疗法。

"五环疗法"，即通过闭环体验、品牌展示、联合活动、精准投放、消费返利来解决 O2O 地推贵、补贴高、频度低、黏性差这四大难题。

基于的平台就是触宝近日正式发布的 O2O 开放平台。

触宝 O2O 开放平台是对触宝 2014 年推出"生活服务平台"的升级。平台聚合不同品类的服务，目前整合了 20 多个垂直领域的 O2O 生活服务，如饿了么、连咖啡、美团、大众点评、58 同城、赶集网、e 代驾等。用户可以通过"触宝电话"中的"生活黄页"找到这些服务，无需额外下载 APP 或重新注册验证。

触宝 O2O 开放平台为 O2O 服务商提供大数据分析、挂机页面广告、联合活动和消费返利等多种方式的营销推广支持，以期降低 O2O 服务商的推广成本，带来长期的活跃用户。

数据显示，目前触宝电话累积用户 2 亿，平均日活跃用户超过 5000 多万。同时，触宝科技已经和三星、HTC、索尼、锤子、小米、华为、中兴等 50 多家海内外厂商、运营商建立了战略合作关系。这些品牌的多种机型预装触宝应用，通过"触宝 O2O 开放平台"，触宝可以给 O2O 服务商提供入口和流量。

北辰观察，按业界的象限轮，在国内市场上具备 O2O 入口价值的，仅有微信、支付宝、触宝三家。

目前，微信已经加入了电话本功能。而在更早之前，微信也在尝试打通电话拨号功能。再加上微信支付、钱包等功能，微信已给触宝 O2O 的发展带来不小的挑战。但是触宝 O2O 主要面对的是企业用户，而微信则更加是针对个人。

O2O 领域会不会像当年团购界的千团大战，千军糜战之后，进入三国鼎立的整合期？O2O 领域是否会进入这样一个行业循环周期，而最后的三国又是哪国？只有拭目以待……

北辰说，O2O 进入沉淀期，回归商业本质，不以盈利为目的O2O 都是耍流氓。

第 9 章
万物互联

- 产业金融联姻互联网到底怎么玩？解析易到、海易"易人易车"计划
- 新飞行时代：连接天空
- 无人驾驶汽车重新定义汽车
- 出席总理座谈会 周鸿祎说了些什么
- 智能手表会取代钥匙吗
- 可穿戴设备应该是一套独立的生态系统

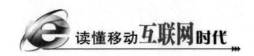

产业金融联姻互联网到底怎么玩？解析易到、海易"易人易车"计划

"易人易车"计划实际解决了三大难题：①移动互联网时代的小微创业；②专车模式在中国的正规化之路；③产业金融如何试水移动互联网平台。

"易人易车"计划在此三方面的探索堪称是一步好棋。

➡ 缘起：何为"易人易车"计划

2015年春节前夕，海易和易到用车也没闲着，联合推出了首款面向专车司机的创业计划"易人易车"。"易人易车"计划规定符合条件的专车司机，在缴纳远低于常规购车的首付款后，即可拥有一台属于自己的专车。在满足自用的同时，还可以通过加入易到平台获得不菲的收入。司机仅需按月缴纳车辆租金，期满后缴齐尾款，即可将车辆过户到自己的名下。此次海易出行发布的"易人易车"计划，将通过为司机提供车辆、资金、号牌和订单的方式，真正帮助司机解决所有后顾之忧，实现近乎零成本的创业。

➡ 移动互联网时代的小微创业

移动互联网时代，优秀的企业越来越需要优秀的人才，而优秀的人才越来越不需要朝九晚五的传统工作机会。O2O 和移动互联网造成了人才和组织之间新型的劳动契约关系。更多的职场人将进化至自由人,实现人、资源、服务的自由对接。据易到工作人员透露,在"易人易车"计划发布的两个小时之内,易到用车微信公众号就接到了 3000 多位意向司机的咨询,当即报名达到 100 多人。不少苦苦摇号多年未中签的司机朋友,对"易人易车"这种先开车后付钱、代步工具等于赚钱工具的创业模式表达了极大的兴趣。在传统模式下,个人如果通过汽车租赁公司租赁车辆运营,则租车成本和运营风险都是司机不得不考虑的因素。

由于汽车租赁属于重资产行业,因此传统中小型租赁公司普遍存在融资难、融资贵的现象,司机即便加入中小租赁公司运营,也很难得到发展。易人易车计划的提出,开创性地解决了司机的全部顾虑,司机只要符合易到用车和海易出行的基本准入条件,就可以用极低的成本租赁车辆,并在易到用车平台开展专车业务。更重要的是,三年租赁期满后,司机所租赁的车辆就可以过户到本人名下。对于想要尝试或体验租车创业但还有一些顾虑的司机,易人易车计划还极为贴心地提供了 6 个月的体验期。体验期结束后,司机可以决定还车或续租,解决了司机创业过程中的全部顾虑。

产业金融如何试水移动互联网平台

海易出行是海尔产业金融与易到用车合资建立的移动互联网出行服务资源平台。海易出行希望通过移动互联技术的应用及商业生态系统的重塑,帮助传统汽车租赁公司突破发展瓶颈,实现商业模式的创新;通过提供多元优质的产品和服务,帮助司机群体实现自主创业,为司机带来更高更安心的服务收入。

依托于产业金融和互联网两大平台,海易出行开展创新业务具有三大

天然优势：首先作为租赁车辆的直接提供方，海易出行打破了传统的租车模式，为司机大幅降低了创业成本；其次，从车辆采购方面来看，海易出行直接对接汽车厂商，从车辆源头保障供应并简化中间环节，降低成本；第三，传统行业与互联网的结合，符合时代背景和未来行业的大势所趋，通过互联网线上引流，为线下业务提供来源和保障，在合规的基础上，一个安全规范的互联网平台让司机创业更放心、更自由。

易到用车平台化与全产业链布局

易到用车继2015年1月18日在极客公园创新大会上宣布与海尔产业金融共同成立"海易出行"开始涉足汽车租赁行业之后，紧接着在2月3日召开发布会，联合奇瑞汽车和博泰集团，携手打造"互联网智能共享电动汽车"，踏入汽车制造业，实现了互联网企业从线上走到线下，从出行服务领域的"用车"到汽车及其服务产业的"租车""造车"。此次"易人易车"不仅是"海易出行"的首款产品，也是易到用车产业链全面布局的重要注脚。

线上线下结合、轻重模式结合、横向纵向拓展等战略，在领先企业的开拓探索中，互联网约租车行业或迎来全新的局面，对于未来，更加充满无限的想象。

北辰说，产业资本和互联网创业首先要联。

第 9 章 万物互联

新飞行时代：连接天空

易北辰早晨 3 点走出北京首都机场 T2 航站楼，约好的接机专车已经在停车场等候。北京的空气一如既往的燥热，虽然是凌晨 3 点，但机场高速依然莫名的拥堵。这次已经是本月的第 12 次飞行，去南京看移动互联网的项目。航旅纵横的数据显示，易北辰已经打败了全国 92%的用户，飞行距离累计环形地球 3 圈。

放在 10 年前，这样的生活，易北辰是万万不敢奢望的。放在 100 年前，这样的生活，是人类万万不敢奢望的。今天易北辰只是中国一大部分人的一个缩影，北京首都机场每天不计其数的飞机在排队等候起飞。一如 20 年前的北京，走出友谊宾馆，等候出租车一般。

从 4 个轮子奔跑，到 2 只翅膀飞翔。一跃登上世界第二大经济体的中国让世界看到了东方速度，而这一次的速度也许要再次改写。我们把这个可预见的未来叫做新飞行时代！

▶ 见证历史！The BIG Talk 新飞行时代

2015 年 7 月 11 日上午，百度新闻与极客公园联合主办"The BIG Talk • 新飞行时代"峰会，北辰有幸受邀出席了峰会，见证这一伟大的时刻。

这可能是中国陆地上有史以来最伟大的科技极客聚会，来自全世界渴望飞行的极客团队带来了不可思议的技术和作品。大疆、Parrot、零度，众多无人机不仅飞翔在会场，还飞进了每个与会者的脑洞。在一连串的掌声和尖叫背后，是人类不断探索未来、渴望天空的飞行梦想和这个最灿烂的创客时代。

不仅可以拍摄出震撼人心的画面，还可以产生意识，碰到障碍物自动躲闪，这就是大疆带来的两款飞行器作品：Inpsire1 和 Phantom3。只要在手机上的监控画面中选中跟踪目标，无人机 Xplorer 将主动追随目标移动，如果选择"自动环绕拍摄"功能，则这架获得视力的无人机将会自动完成一圈 360°的拍摄。深圳零度首次向公众展示刚发布的"自动跟随"功能。Parrot 无人机带来的飞行阵列舞蹈，堪称机器人中的少女时代。舞姿曼妙，摄心夺魄，最震撼人心的是 GoFast 喷气背包，首次在中国大地上飞行成功。

所有直指人心的作品都指向了同一个主题：新飞行时代！

新飞行时代的本质是速度革命

1997 年，中关村出现了一个大的路牌广告：中国离信息高速公路还有多远。今天看到这个广告既好笑又好玩。信息高速公路这个比喻很生动形象，为了向当时中国介绍互联网，不得已用人们熟悉的事物比喻比特的流动。时隔 18 年，中国已经迈入 4G 时代，每个人都用得起高性能的智能手机。

信息、商品、关系、设备无一例外被连接成一张庞大的网络，有人叫它万物互联，有人叫它 IOT。这张无形的网络重新支配着这个世界的运行规则。10 年前，一封信件从发出到到达，需要一个月。现在一封电邮，从发出到到达，需要多长时间？0.1 秒。10 年前，一只皮鞋从温州生产，到送到北京用户手中，需要多长时间？1 个月，3 个月，还是半年？今天仅需一周。

10年前，普通中国人完成2000公里需要多长时间？今天平均2个小时。

移动互联网时代极大地加速了社会运行的效率，今天一小时产生的知识增量远远超过了美国国会图书馆。一部分源于比特流动的速度；一部分源于先机的信息网络；一部分源于物流革命。

物流革命是三者的短板，受限于现代交通工具和交通网络。物理的物件无法完成即时的空间转移。而在发明物理物体瞬间光学移动之前，飞行依然是最具效率的解决方案。于是有了上文谈到的探索空中技术的几家无人机公司。

它们的出现无疑是撬动速度革命最好的赛车，虽然跑道还没有修建。

梦想还是可以有的

1903年，莱特兄弟拿到了通往天空的钥匙，于是有了飞行终端飞机和飞行跑道航线。我想，最杰出的漫画家应该画一张画像：画像里有多维的生活空间。

马路上车行稀少，在天空中多维的透明玻璃轨道下，背着空气飞行背包和乘坐无人机的城市居民在天空井然有序地飞行。

维多利亚秘密大Show中的天使是所有男屌的偶像，女生嫉妒的对象。维密天使背后的一双翅膀，曾经是这个时代所有少男少女魂牵梦绕的梦想。

这双翅膀轻易而又深邃，因为它照见所有人内心最初的渴望，关于过去、现在、未来，所有对天空的仰望……

北辰说，以后出行打飞的不再是梦想。

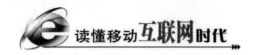

无人驾驶汽车重新定义汽车

汽车的天然移动性，注定是移动互联网世界的天然玩家！

不管是汽车+互联网，还是互联网+汽车，移动是天性，智能是基础，汽车智慧决策是难点，汽车智能控制是成败的关键。

作为大型的智能移动设备，汽车互联网一诞生便成为热门产业。国内外有实力的玩家纷纷组建高配团队，辅以重量级资本，加码布局汽车互联。

成绩如何？是驴是马，总该出来遛遛……

下面主要扒一扒互联网牌桌上的三大玩家之一——百度的新作品：百度无人驾驶汽车。

百度公司无人驾驶汽车领域的成绩超出外界预期。一向低调的百度在北京时间2015年12月10日正式对外宣布，百度无人驾驶汽车首次完成城市、环路及高速道路混合路况下的全自动驾驶。

一辆改装宝马3系汽车在北京成功完成了30公里路测，实现调头、左转、变道及从匝道汇入车流等复杂驾驶动作。百度在公告中称，测试路线包含高速道路，车速最高达到100公里/小时。

百度公布的路测路线显示，百度无人驾驶汽车从位于北京中关村软件园的百度大厦附近出发，驶入G7京新高速公路，经五环路抵达奥林匹克森林公园，并随后按原路线返回。

据了解，百度无人驾驶汽车项目起于 2013 年，由百度研究院主导研发。其技术核心是"百度汽车大脑"，包括高精度地图、定位、感知、智能决策与控制四大模块。百度无人驾驶汽车依托国际领先的交通场景物体识别技术和环境感知技术，实现高精度车辆探测识别、跟踪、距离和速度估计、路面分割、车道线检测，为自动驾驶的智能决策提供依据。

百度厂长李彦宏先生曾在 2015 年 3 月表示，百度公司今年可能会推出无人驾驶汽车。时隔 7 个月，百度无人驾驶汽车已经开始实测。如此神速的进展让外界感到惊讶。百度无人驾驶汽车采用了自主研发的名为"百度汽车大脑"的软件包，内含驾驶、观察环境和决策技术。

无人驾驶汽车对于当今社会的意义非凡。无人驾驶这一新技术也许能帮助减少环境污染和降低交通事故发生率，但其真正的意义在于引发大家对"汽车"这一类别产品的重新思考："汽车"作为一枚交通工具的角色或成为历史，汽车作为服务或中型智能移动设备的场景价值将等待所有人们去开发……

北辰说，看明白了，所有科技的进步就是让人类更懒。

出席总理座谈会 周鸿祎说了些什么

　　作为一家互联网公司，360这些年来的发展可谓代表了IT互联网行业的创新精神，提出的互联网免费战略让杀毒软件行业全面进入免费时代。如今，在互联网的浪潮下，360又横跨手机、智能家居、智能汽车三大制造领域，意欲将安全从虚拟空间拓展到实体领域。

　　在2015年7月10日举行的总理座谈会上，360董事长周鸿祎作为企业代表出席。会上，周鸿祎围绕经济运行、宏观政策、企业经营和创新等谈了自己的看法。

　　互联网行业重视创新的企业不在少数，为什么是周鸿祎受到了总理的接见？周鸿祎在互联网时代代表了怎样的企业家形象？

➡ 安全乃立命之本

　　360最早从安全起家，通过擎起免费大旗，一举将互联网安全行业带入免费时代。其打造的 360 安全卫士等产品拥有庞大的装机量和活跃用户。360 能做到这些，与其以安全为立命之本不无关系。

上到国家信息化安全，下到个人的上网安全，安全一直是信息时代的重中之重。360 公司在信息安全上积累了相当的优势，现在已经不仅是个人信息化安全的忠实守护神，还为企业信息化安全、行业信息化安全保驾护航。

没有安全，一切从零。周鸿祎的 360 也正是以安全为立命之本，成为一家创新型互联网巨头。除了个人信息化安全领域赢得第一外，360 在国家信息化安全领域也受到了认可。早在 2013 年，中国信息安全测评中心、中国国家信息安全漏洞库（CNNVD）宣布与 14 家安全技术单位达成技术支撑合作，共同提升漏洞挖掘及应用技术研究。其中，奇虎 360 科技有限公司就入选为 CNNVD 一级技术支撑单位。为了更快速响应漏洞威胁，360 还专门推出安全漏洞响应平台和"库带计划"，是国内首家现金奖励漏洞报告者的企业。

以安全为基石，周鸿祎和 360 这些年走得非常扎实，在安全领域的深耕细作也正在让其将优势拓展至传统制造领域，以安全和创新加持传统制造业，为大众提供从虚拟安全到实体安全的一站式产品和服务。

横跨三大制造领域

周鸿祎曾经说过，作为一家新时代的安全公司，360 不仅关注互联网安全，还会关注生活中方方面面涉及安全的领域。在周鸿祎的战略布局中，这被称为"泛安全"。自 2013 年推行"泛安全"战略以来，360 曾推出过空气卫士 T3、儿童卫士、安全路由、防丢卫士等近 10 款智能设备，进入空气安全、儿童安全、网络路由安全等多个领域。

2015年，互联网成为互联网公司深化创新的战略指引，360公司也在互联网方面身体力行，在智能手机、智能家居、智能汽车等领域或已展开深入合作，或正在谋篇布局伺机发力。

在手机领域，360与酷派合作，后又收购互联网手机品牌大神，360全新手机品牌奇酷手机也在下半年推出。与其他涉足手机制造的互联网公司相比，360的跨界显得更合时宜。

一方面，我国已经全面进入智能手机时代，手机的信息安全比过去任何时候都更为重要和迫切。如何保护手机的信息安全，360实施的手机战略或将给出答案。另一方面，手机正在成为移动互联网时代"万物互联"的入口，具有连接一切设备的能力，这就使得手机安全不再只是传统的网络信息安全那么简单，包括隐私保护、设备连接安全等安全上的新问题，会随着"万物互联"的落地而日益凸显。360涉足手机领域，施行软硬一体化战略，通过打造自主的手机OS系统，有望能加码手机，作为入口的信息安全和设备安全。

当然，360并不仅仅要在手机制造领域深入合作、大胆变革，在智能家居、智能汽车等领域也开始布局。在2015年3月举行的第二届中国智能家电创新论坛上，360就曾向家电企业"抛绣球"，宣称将投入百亿资金，联合具有发展潜力的智能家居企业，形成共融共生的完善智能生态圈。

2015年，关于360要打造互联网汽车的消息也甚嚣尘上。尽管目前尚无关于360造车的确切消息，但在BAT巨头齐造车的时代，以安全为立命之本的360显然有着以安全切入传统汽车制造业的潜在优势。

在此次总理座谈会上，周鸿祎表示，目前，360正在全面实践"互联网"战略：一方面正在和许多传统制造业企业开展合作，通过360的理念和技术，让它们的产品与用户结合得更紧密，黏合度更高。只要用户需求得到更好的

第9章 万物互联

满足，用户体验得到更好的提升，自然百姓消费的意愿就更高涨，以扩大内需，通过"互联网"促进经济发展的进一步增强。另一方面，传统企业在互联网化的同时，也面临着互联网安全问题。因此，互联网的安全不只是保护电脑和手机的安全，而是保障所有和互联网在一起的各行各业的安全。作为中国最大的互联网安全公司，360正和各个传统企业合作，一同应对挑战。

北辰说，万物互联得多研究360。

智能手表会取代钥匙吗

钥匙从来不是讨喜的随身物件，不论是 80 后孩提时代挂在脖子上跳房子的累赘，还是长大后腰带上一串串闪闪的金属。暂不论金属材质的钥匙厚重与否，齿状的外形结构时常让华丽的时装和背包阵亡。

钥匙这款历经千年的产品在移动互联网时代似乎走到了生命尽头，因为一个叫智能手表的家伙正在汹涌而至，在功能上大有取代之势。智能手表具有天然的可穿戴性，而物联网、移动互联、智能化的时代属性赋予了它无所不能的生命力。当然，电池的待机时间如果能再提高几倍，定是再好不过！

◆ 智能手表 2015 将迎来井喷式爆发

提到智能手表，犹抱琵琶半遮面的 Apple Watch 无疑是不可忽略的存在。而不管是大众的期待还是专业机构,都给予足够积极的评价。根据市场调研机构 Strategy Analytics 公布的预测,2015 年,Apple Watch 的出货量将达到 1540 万块,占全球智能手表市场份额的 54.8%;2015 年智能手表出货量将增长 511%,从 2014 年的 460 万块增至 2810 万块。除了 Apple Watch 之外,剩下其他智能手表生产商的出货量总和将达到 1270 万块。苹果的品牌效应、忠实粉丝、深厚的零售网络及广阔的生态系统无疑可以确保其智能手表有一个良好的开端。

无独有偶,德银分析师的预测更加乐观,Apple Watch 的年销量可以达到 1760 万块,到 2018 年将为苹果带来至少 260 亿美元的年收入。从数据上看,到 2015 年底,全球将超过 3000 万用户使用智能手表,这是一个不错的初始规模。要知道,当前智能设备通过社交网络和电子商务的传播和普及已经足够的迅速。

毫不夸张地说,智能手表的风口已至!

▶ 智能手表可以做什么

智能手表可以发送短信吗?屏幕会太小吗?可以管理社交网络账户吗?可以启动汽车吗?2014 年,北辰同样对上述问题抱有疑惑,经过移动互联网在过去一年的野蛮生长,所有人都预测到了未来,却没有预测对过程。因为移动互联网的速度太过迅猛,太超乎想象!

连接技术和语音交互技术颠覆人们对人机交互领域的想象,原来人体可以植入芯片变得更加智能,汽车可以实现无人驾驶。援引知情人士透露,苹果已允许一些公司在其尚未发布的 Apple Watch 上进行应用测试,并根据 Apple Watch 的设计对应用进行调整。Facebook、美国联合大陆控股有限公

司、宝马等公司人员已进驻苹果总部数周,对将与 Apple Watch 同步推出的应用进行测试和调整。

Apple Watch 与宝马的应用还未公诸于世,我们把目光投到欧洲。积家,这家百年老店最新研发的 Amvox2 智能手表已经腾空出世,积家的 Amvox2 不但是一块豪华的腕表,还是一枚汽车遥控器。它内置的遥控模块可以遥控指定型号的阿斯顿·马丁跑车,可以用来当做钥匙解锁车门、升降玻璃,也可以让大灯闪光以方便在停车场找到自己的车辆。与此同时,韩国现代集团日前正式对旗下 Android 平台的 BlueLink 应用推送了更新,更新后的 BlueLink 新增了对于 Android Wear 的支持,并且允许用户可以远程对车辆进行上锁、解锁,甚至是发动引擎这些操作。无独有偶,在国内,比亚迪 G6 智能腕表钥匙和遥控集成了无钥匙系统芯片,车主只需带着手表便可无钥匙打开车门并发动车辆。

➡ 未来的路……

钥匙一直是人类在便携性与安全性之间妥协的产物,而在移动互联网时代,智能设备取代物理的那道门已经是大势所趋,智能手表无疑是这个时代扮演这个角色最佳的选择。

汽车的钥匙、房子的钥匙、柜子的钥匙将会被智能 ID 一一取代,但有阳光的地方就有阴影,如何保护万物互联时代下的信息安全将成为新的挑战和命题。未来的路,因为变幻莫测,才愈加美丽……

北辰说,一定会的,走着瞧……

第 9 章　万物互联

可穿戴设备应该是一套独立的生态系统

目前，可穿戴市场正处于水深火热之中。有数字显示，迄今已有超过 300 多款可穿戴设备陆续投入消费市场。不过，早在 2013 年，福布斯杂志就预言当年为"可穿戴技术年"。然而，预期中的可穿戴热潮并没有来到。到了 2014 年，美国《连线》杂志又预言当年将见证可穿戴技术发展的重大飞跃。然而尽管当年的确有一批新型智能手表投向市场，Google 眼镜项目也发布了重要更新，但可穿戴技术的使用率"仍未突破必要水平从而融入主流生活"。为此，行业专家只能无奈地声称，2015 年将迎来期待已久的"可穿戴技术年"。

➡ 可穿戴设备缺乏创新

事实上，可穿戴设备市场分类繁多，从监测、医疗、娱乐到办公、学习、定位等，各种功能的可穿戴设备呈百花齐放之态。由于可穿戴产品从形态上更多地集中于手环、手表之上，因此在某种程度上来说，可穿戴设备市场也就是"手腕上的市场"。

2015 年 4 月 24 日，Apple Watch 开始销售。在开售 9 周之后，7 月，苹果发布该公司第三财季财报时，库克宣称，Apple Watch 在开售的最初 9 周内，销量好于 iPad 同期销量。随后，研究公司 1010Data 对数百万在线买

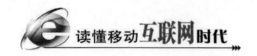

家的购买情况进行了匿名追踪和调查，并发布了最新的调查报告。报告称，Apple Watch 在整个可穿戴智能设备市场上所创造的营收份额约占整个可穿戴智能设备市场营收份额的 42%。

然而，一个不容忽视的事实是，虽然占了四成以上的营收，但 Apple Watch 却仅仅是一款匹配 iPhone6 的、iOS 生态系统内的一款智能手表，其在技术、功能上并未有革命性的创新。

不过，好在以健身为诉求的 Fitbit 占了约 31%的营收份额，就单位销量而言，Fitbit 在整个可穿戴智能设备市场的份额居于最高领先地位，苹果只能屈居第二。

腕投市场受资本青睐

由此来看，市场还是愿意为有创新功能的可穿戴设备买单。近日，专注于投影类可穿戴市场的一数科技正式宣布获得 4000 万元人民币天使轮投资。这笔投资将主要用于推进产品研发及研发人才招募。

值得注意的是，一数科技正在积极进入可穿戴设备的全新领域——腕投市场，并且致力成为全球首款搭载投影模块的可穿戴产品。

腕投（手腕投影）市场是一个鲜有进入者的领域，在百度搜索中的结果也只是搜到了两家尚未上市的国外投影手环 Cicret 和 Ritot。

不出意外的话，一数科技将于近期公布产品上市计划。

构建独立系统可穿戴生态

腕投市场的领先企业一数科技认为，可穿戴是未来硬件发展的方向，

第9章 万物互联

不过，目前可穿戴设备更多是手机的一个配件，而不是一套独立的生态系统。造成这一现状的最根本原因就是可穿戴设备缺少独立的操作系统和屏幕。以此为出发点，一数科技为可穿戴设备带来第一块"屏幕"并且内置独立的系统。一数科技坚信，未来可穿戴产品可以实现拥有手机端，包括通话在内的所有功能，并且符合未来物联网的发展方向。

作为可穿戴的发展方向之一，投影可穿戴有着超高的技术门槛和供应链难度，为了达到可穿戴使用标准，一数科技选择了全球最小的光机模组，并从底层对硬件进行优化，使产品在兼顾投影清晰度的同时，保证用户使用产品的安全性。"腕投"兼具投影类产品和可穿戴类产品的特点，可以像手表一样戴在用户的手上，与传统概念中可穿戴产品的最大差异在于，它可以投有一块大小约等于2英寸到60英寸的"屏幕"，可以把图像投影在手背、桌面、墙体及特殊材料的幕布等介质上。

在一数科技的研发团队看来，系统是一个产品的灵魂，性能出色的硬件也需要搭配操作流畅的系统。一数科技致力于成为第一家"硬件+软件"协调发展、共同进步、受人尊敬的智能硬件初创公司。这种愿望及其对手腕投影可穿戴生态构建的执着，让我们看到了可穿戴设备的未来。

北辰说，两条线，生态化，垂直化。独立生长，野蛮互联。

第10章

电商趋势

- 核心数据解读新南联盟"苏宁+中兴"
- 跨境电商是2016主线
- 线上线下大融合
- 小牛电动不怕丢,互联网+改造传统行业的典范
- 中国的创业者们到底在想什么?做什么?信什么

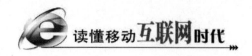

核心数据解读新南联盟"苏宁+中兴"

不管是出身草莽,还是王公贵族,不管是出身线上互联,还是线下实体门店,不管是出身制造,还是零售,在这个时代,目标都是一致的,就是剑指万物互联!

从人人连接、人物连接、人组织连接到万物互联这个终极战场,未来必有一战!历史总是惊人的相似,这一幕像极了春秋五霸、战国七雄。而近日在北京宣布正式联姻的"苏宁+中兴",无疑是这个战场上的一支重要力量。

苏宁总部在江苏南京,生于1990年12月26日,标准的90后企业。中兴通讯生于1985年,总部在深圳,是全球领先的综合通信解决方案提供商,在香港和深圳两地上市,是全球领先的通信设备上市公司。

从区位来看,两家企业,长江之南,强强联姻,可谓"新南联盟"。

毫无疑问,苏宁和中兴组成的"新南联盟"对物联网战场上的战势格局将产生深远影响,但是影响几何?深度几何?大数据时代,无数字无真相,今天易北辰带各位读者数读"新南联盟"!

➡ 1000万

2015年12月31日,苏宁旗下苏宁润东以19.3亿元投资努比亚,苏宁与中兴通讯全球战略合作迈开了第一步。在 2016 年 1 月 20 日北京发布会上，苏宁和中兴双方公布努比亚手机未来 3 年在苏宁渠道 1000 万台的销售目标。同时，苏宁旗下 PPTV 也与努比亚签订了合作协议，双方将整合优势资源，联手打造定制手机，并在 VR 等领域展开合作探索。

努比亚总裁里强表示，"在产品方面，努比亚一直以想象力见长，我们不断将超出业内的想象力落实到更加完善的客户体验上，包括无边框，包括全网通，包括下一代的全网通和更好的体验，我们一直是背靠着雄厚的研发实力向用户提供更好的体验。质量、品质等方面一直是我们的重要支撑，尤其是与苏宁合作以后，我们希望借用苏宁的大数据和线上线下的平台完善我们的布局，在更大的范围服务我们的消费者。"

90 后

1990 年成立的苏宁是名副其实的 90 后，2015 年 12 月刚刚度过了 25 岁的生日，发布了自己的"青春宣言"。未来，苏宁将在影视、体育、创业孵化、智能硬件等方面打造年轻人喜欢的产品和生活方式。中兴的团队也拥有大量才华横溢的年轻人，努比亚则是由一支充满浪漫主义理想的团队创立的。此次与中兴的战略合作，也是苏宁青春战略的又一次落地，不仅因为"个性，还是一种生活态度"，而年轻人才是决胜未来的关键。

产业融合带来跨界合作的同时，也催生了更广泛的垂直整合，使得所有的行业都可能往下游延伸，所有的企业都想方设法去接近用户、争夺用户，苏宁和中兴的合作主要以用户为导向，围绕年轻人创新。未来苏宁将由 85 后、90 后的年轻团队去担当，让他们去做内容的创新、技术的创新，去实现年轻用户对于品质生活的憧憬。

120 亿

中国有近 3000 家上市公司，中兴通讯大概有 4 万多名研发人员，研发投入也是最多的，今年投入 120 多亿元研发费用。

2015 年，中兴投入巨资，据权威机构统计，在全球企业中排名前 80 位，国际 PCT 专利连续五年位居各行业前五，两年排在第一。技术创新是中兴的优势，手机是消费电子，渠道同样重要，在线下零售渠道、运营商渠道和互联网渠道三大渠道里面，中兴在运营商渠道有一些基础，在其他两个方面，中兴正在强势补足。苏宁是深耕线下渠道的零售领头羊，长期位居线下零售第一位，物流和管理都非常出色。零售大数据更是一座宝库。苏宁和中兴的联姻是一次门当户对的"联姻"。"2016 年线下渠道是努比亚的重中之重，会带来重大的机遇。"中兴通讯董事长侯为贵说。

19.3 亿

2015 年 12 月 31 日，苏宁旗下的苏宁润东以 19.3 亿元投资努比亚，那就有一个问题了，这 19.3 亿元双方准备怎么花？

努比亚总裁里强表示，"我当着各位资方，代表劳方讲一下这 19 个亿怎么花，未来重点投入三个方向：第一，品牌；第二，线下渠道；第三，研发等相关自身实力的加强和提高。就是这三个方向。"

苏宁云商集团营销总部副总裁顾伟说，"我们所有的线下门店、线上的平台资源，包括我们看到的市场空间非常大的三四级市场苏宁易购服务站，都会全方位做好努比亚的销售支撑工作，充分把品牌和销售做透。"

2016年开年，万物互联，世界风云变幻，连横合众大势所趋，一方面是市场规律下的效率法则在发挥着作用，实现效率优化，优胜劣汰；另一方面，跨界融合、资源互补的生态型组织在新时代下取得突破式进展。

苏宁和中兴强强联合，在物联网世界充满想象力，而对于更加浩瀚的物联网，未来更加可期！

北辰说，2016年连横合众会更加明显，看着吧。

跨境电商是 2016 主线

互联网江湖像极了奥林匹克竞技场，再大的项目领奖台上也只能容得下三个顶级选手。

从门户时代的网易、新浪、搜狐，到搜索之争的百度、360、搜狗。

一波又一波的互联网浪潮，邮箱、门户、游戏、视频、社交、电商、云计算，造就了一代又一代的弄潮英雄。然而有人随大江东去，有人依然征战沙场。有老将老夫聊发少年狂的金戈铁马，亦有小鲜肉出身牛犊不惧虎的快意恩仇。

而老将们用时间和青春酝酿的一代代互联网作品更具味蕾的深深震撼和精神上的共鸣之音。

当年的网络三剑客，新浪王志东第四次创业再战在线教育，搜狐张朝阳纵横捭阖在线视频，网易丁磊携考拉再战江湖。

双 11 战罢，跨境电商战场上凯旋的不仅仅是猫狗兄弟（天猫、京东），还有那只不动声色、却已得三分天下的大黑马网易考拉海购。网易的故事像其旗下的一款游戏《梦幻西游》，梦幻和传奇还在继续……

数据显示，网易考拉海购在 2015 年双 11 中创造了销售额新纪录，移动端成交比例超 7 成。其中，日用百货类、轻奢类产品（服饰箱包及大牌美妆）

和母婴类产品分列销售额的前三位（日用百货类占据三成五、轻奢类近三成），大牌美妆和服饰箱包为主的轻奢品类首次超过母婴类产品进入销售额前三。网易考拉海购在规模最大、发展最为成熟的杭州保税区，日常出单量已经超过天猫国际位居第一，且占比已超过当地半数，10月份的整体销售额较半年前已经增长20倍。

阿里京东之后，谁是第三极

网易对外公布截至2015年9月30日的第三季度未经审计财报。数据显示，该季度网易净营收66.72亿元人民币（10.50亿美元），同比增长114.06%，环比增长46.06%；净利润18.82亿元人民币（2.96亿美元），同比增长62.35%，环比增长32.13%。其中，电商、邮箱及其他业务同比增长162.16%，环比增长107.85%。

财报中显示，在跨境电商平台网易考拉海购的快速扩张下，网易整体电商业务取得了强劲增长，电商、邮箱及其他业务的净收入达到10.04亿元人民币（1.58亿美元）。

作为网易的战略性业务，近半年来，网易考拉海购的SKU、仓储等实力均得到了极大的提升。在商品扩展方面，精品化战略成效凸显，一举引进以雅诗兰黛、倩碧、希思黎、Prada、Valentino、Givenchy为首的数百个一线大牌；仓储方面，网易考拉海购投入使用的保税仓面积已超15万平方米，在跨境电商平台中牢牢占据第一的位置，双11前期更是斩获3万平方米的重庆保税仓，再次扩容。

相比半年前，网易考拉海购10月的销售额创下了增长20倍的记录。刚刚过去的双11大促，网易考拉海购表现同样出彩。11月11日当天，各大品

类销量迅猛，家居日用、大牌轻奢、母婴三大品类销售额位居前三甲，移动端销售占比超7成。

在美股上市的互联网公司中，网易市值为192亿美元，仅次于阿里巴巴、百度、京东（腾讯持股），成为中概股第四大互联网公司。随着网易考拉海购成为网易电商板块最大的一支力量，并不断强势增长，将对网易整个业务带来极速推动，成为BAT最有力的挑战者，也为未来中国互联网格局再添变数！

◆ 考拉之道

跨境电商近年来迎来利好。

大环境上，中国跨境电子商务快速发展，已经形成了一定的产业集群和交易规模。支持跨境电子商务发展，有利于用"互联网+外贸"实现优进优出，发挥中国制造业大国优势，扩大海外营销渠道，合理增加进口，扩大国内消费，促进企业和外贸转型升级；有利于增加就业，推进大众创业、万众创新，打造新的经济增长点；有利于加快实施共建"一带一路"等国家战略，推动开放型经济发展升级。

国内小气候上，瑞士信贷银行发布《2015全球财富报告》称，中国家庭财富总值达22.8万亿美元，超过日本跃居世界第二位，仅次于美国。有外媒据此称，中国已成为全球第二富裕国家。此外，中国的中产阶级人数登世界第一，高达1.09亿人，今年新添富豪人数152000人。自2000年以来，中国中产阶级的财富大幅增长330%至2015年的7.3万亿美元，占全国财富的32%。虽然目前对中国中产阶级规模的估算在各个报告或公开发布的数据中不尽相同，但从消费市场的反馈及经济考量标准来看，中国民众确实更"富"了。

大规模中产阶级的产生，在整个电商消费转型的大主题下，中产阶级的需求并未充分被满足，而被丁磊称之为"最纯粹的自营跨境电商"的网易考拉海购，着重在正品保障、物流速度、选货能力方面进行提升，抢先适应新的电商消费趋势。

丁磊曾对外表示，不从媒体处去了解信息，而是通过用户得到反馈。做好产品是第一位的，赚钱是其次，只要把用户体验做得足够好，就有后来居上的机会，做跨境电商，初期网易并不打算赚多少钱，而是让国内的消费者树立对电商的信心，改变国内假货充斥的现状，打破不合理的海淘价格体系。"做中国海淘市场上的第一支正规军是我们的目标"，网易考拉海购通过让利于消费者实现薄利多销，力图打造中国第一低价高品质生活电商平台。

"做事有态度，做人有良心，无论做新闻、邮箱，还是电商都是一样的"，网易考拉海购上线的第一天，丁磊的一句话就已经为其指明了方向。

模式上，网易考拉海购初期以"母婴用品""美妆个护""美食保健"等对安全品质要求较高的海外商品为主打，同时这些也是海淘热门品类。据称，这是为了让用户亲身体验，传播口碑，"只有他们用了，发现是正品，是好货，才会形成人人相传的口碑。"据网易考拉海购的相关负责人介绍，网易一向相信口碑的力量。值得关注的是，网易考拉海购方面表示，其追求的不是一时的、为促销而为的低价，而是通过自营模式、优化供应链和物流等环节保证持续的低价。

▶ 资本市场反馈

双11各大电商巨头战果累累，然而资本市场的反馈却不尽相同。

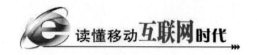

交易量暴涨的场景并未转移至股价上，11日当天，至收盘时，阿里巴巴股价下跌1.94%，报79.85美元；京东股价下跌1.13%，至27.88美元；苏宁云商股价下跌0.05%，至16.33美元。

其他电商中概股，11日当天，唯品会下跌2.25%，至19.08美元；聚美优品下跌2.31%，至9.29美元。

阿里巴巴方面，双11对于阿里巴巴而言意义非凡。2014年的双11，阿里巴巴第一次向世界展示中国消费者的强悍实力，而投资者也被真金白银给予回报，阿里巴巴的股票顺势冲上120美元的高点。但在2015年的双11期间，阿里巴巴的股价却在下跌，并没有收获想象中的利好。"究其原因：一方面是由于美国资本市场对双11已经有了预期；另一方面，有观点认为，双11很可能透支了消费者很长时间的购买力。同时，美国资本市场对阿里巴巴近期遭遇的假货指责也表示出担忧。目前，国外投资者对阿里巴巴的未来发展前景持较为谨慎的态度。"

唯品会：唯品会双11期间发布了该公司2015年第三季度初步财报。受营收低于此前预期的影响，唯品会股价周五盘中一度暴跌，股价下跌5.02美元，跌幅为26.96%，股价为13.60美元，盘中一度跌至12.86美元，创52周新低。过去52周，唯品会最低股价为12.86美元，最高股价为30.72美元。

同样，经过双11考验的网易却保持上涨，瑞士信贷维持网易股票"跑赢大盘"评级，同时维持164美元的目标股价不变，说明投资者更看好多元化发展的网易及自营模式的网易考拉的潜力和前景。（备注，网易多元业务包括网易游戏、邮箱、新闻门户和客户端、云音乐、云课堂、网易公开课、有道词典、有道云笔记及今年新推出的网易考拉海购、云信等）

平台跨境电商的品控问题、独立电商的用户获取成本加剧在不断考验着市场的新玩家。网易考拉海购的异军突出或给了市场另外一种思考：专注于产品本身、专注于用户品质生活、依托网易平台于多元化的产品矩阵支撑，从产品、用户、市场、资本层面形成利好生态化学反应，互为裨益。

跨境电商将是未来 5 年消费升级的主旋律，在这样的大环境下，天猫、京东、考拉三只萌宠大战江湖的场面或将持续下去……

北辰说，2016 年，电商两条主线：①跨境电商；②动物乱斗。

线上线下大融合

O2O 领域近日大事件不断,阿里、苏宁世纪牵手,余温未过,另一桩大事件同样意义非凡。国际高端家电品牌卡萨帝联姻在线零售巨头京东,联合发布高端家电 O2O 发展模式,为高端家电用户提供"线上预定—线下体验—线上支付"一站式购物服务。

卡萨帝将在平台搭建、订单支持、系统整合、产品更新、物流支持、售后服务及线下体验等方面向京东提供支持,满足线上高端用户群体的全方位需求。

易北辰了解到,卡萨帝 2016 年将开始加速布局电商,将电商作为未来的重要战略。目前,卡萨帝在线上的销售比重相对线下较小,所以要逐渐扩大线上的销售规模,把电商作为同等重要的销售渠道。卡萨帝还将为京东提供符合互联网高端用户需求的卡萨帝专供产品,并在京东平台上开设卡萨帝官方旗舰店是此次"卡京"联合的前期合作内容,未来将进行更多关于高端 O2O 领域的探索。

对于京东来说,在家电产品线上体验模式方面其实早有考虑,此前在家博会上,京东闫小兵就曾表示,未来京东会考虑和家电企业合作体验店,但不同于传统卖场的"角斗场",不是以卖产品为主,而主要在于体验,京东进行引流,推动智能化发展。本次卡萨帝与京东合作,就正是对此的具体体现。

从横向的行业观察,高价值的高端家电和奢侈品,线下体验依然是消费决策的重要环节,成为掣肘高阶电商高速增长的因素。三大变量因素将打破这种局面:

① 中国中产阶级崛起,移动电商消费习惯养成,移动支付渐入普及期。

② 全新高端商品 O2O 模式,打通"信息获取—线上预定—线下体验—移动支付—售后服务"体验闭环。

③ 从国际范围上看,奢侈品产业逐步重视、布局在线零售,为高端家电 O2O 体验奠定土壤基石。

以国际高端家电卡萨帝为代表的高端家电商品布局 O2O,加速线上线下的高速融合,标志着互联网+宏观时代背景下,家电品牌互联网化正在进阶最后一公里。

北辰观察,家电行业近年的互联网化经历了四大阶段。

① 营销的互联网化。

这一阶段,各大厂商纷纷建立数字化营销团队和矩阵,关注社会化营销。官方微博、微信开始成为营销团队的日常工作。

② 渠道的互联网化。

自有官网、第三方合作通道、厂商渠道的互联网化开始接触庞大的互联网用户。

③ 产品的互联网化。

通过用户参与新兴产品生产模式,不断与用户交互,生产出个性化的

高品质产品。

④ 运营的互联网化。

通过前三个阶段的团队和品牌积累，从互联网思维转为强大的互联网行动力，聚焦极致的产品和极致的用户体验，利用最新的互联网营销、渠道、产品、运营模式打造极致的线上线下融合体验。

卡萨帝此役联手京东，在北辰看来，无疑是打开了进阶运营互联网化高阶阶段的最后一扇门。与之前强大的营销沉淀、品牌背书、渠道矩阵、产品模式、运营体系形成强大的自循环体系。

这个体系以用户体验为中心，打通线上、线下平台、终端体验、资源、服务多个维度体系，从京东线上资源到卡萨帝线下内容体验，辅之卡萨帝高端俱乐部的关系和场景，形成四大维度的综合性体验。

传统电商线上线下左右手互博，高端商品重线下轻线上。卡萨帝京东专供"线上预定—线下体验—线上支付—线下服务"的综合性O2O模式，对于大家电乃至奢侈品同样具有借鉴意义！

北辰说，还有没融合的吗？

小牛电动不怕丢，互联网+改造传统行业的典范

小牛电动又出大事了！在微博上，在新闻客户端上，无处不见小牛电动，"小牛电动不怕丢"瞬间引爆全网，对传统电动车行业的改造成为争相关注的热门话题。

那么，这到底是怎么回事？小牛电动是如何对传统电动车行业进行改造的？小牛电动的这种改造，其行业意义何在？

▶ 新一轮疯狂的品牌传播

在信息爆炸、议题爆炸的时代，人们对各种话题的关注程度不一，如果不是事关切身利益或是戳中痛点，则很难成为热门话题。

而"小牛电动不怕丢"成为热门话题，在于其既戳中了痛点，也事关广大用户的切身利益。

不错，"小牛电动不怕丢"正是小牛电动斥资发起的新一轮品牌传播。但与其他品牌做传播、做投放不同的是，小牛电动发起的传播是具有病毒效应的，是能实现网友自动转发参与、多级传播的扩散。因为此次传播的主题是小牛电动不怕丢，而在当下，电动车车主最怕的就是丢、被盗。

百度新闻的搜索数据显示，仅2015年12月1日至今，就有不下50家

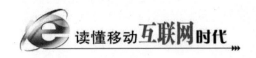

媒体报道了新近发生的关于电动车被盗、被偷的有关新闻。由此也可以看出，电动车如何防止被盗，确实是一个持续存在的社会现象。

小牛电动利用其自身服务创新优势所发起的这新一轮品牌传播，可谓是正中百姓关心的热点，很难不引发广大网友的自发关注、参与和自发传播。

之所以小牛电动这新一轮品牌传播能引发强烈反响，主要还是要归功于其以实际行动实现了对传统电动车行业的改造。

➡ 以保险+保养改造电动车行业

半个月前，小牛电动宣布推出了名为"niu care"的小牛电动保养计划，斥资5000万元回馈新老用户，提供免费整车保养服务及盗抢损失、人身伤害保险。

作为小牛电动推出的整体售后服务升级计划，小牛电动此举在将电动车售后升级为汽车4S级服务的同时，也真正解决了长久以来困扰行业的电动车偷盗和安全问题。

其为老用户赠送的名为"牛油保"免费一年的盗抢损失、人身伤害保险，一气包含了三大险种，即非机动车驾驶人意外伤害保险、非机动车第三者责任保险、非机动车整车盗抢损失保险。推出该服务后，小牛电动车一旦被盗，车主便能获得大部分财产损失的赔付。

具体来说，小牛电动之所以能做到丢车就赔，主要是因为小牛电动联合了知名保险机构，在所推出的盗抢险呵护下，如果整车被盗，50天内未找回，则经警方开具证明，就会对整车进行赔付，而且在资料齐全的情况下，1日内就能完成赔付。真正做到了"你敢丢，我敢赔"，带给用户"小

第 10 章 电商趋势

牛电动不怕丢"的极致体验和安心保障。

与此同时,小牛电动还为用户提供一年两季度免费整车保养,包含装配、制动、电气性能、轮毂、电池等 8 大类 27 项免费检测,一旦发现问题,这些项目均提供免费维修,全面保证小牛电动用户的出行安全。

可以说,通过"niu care"计划,小牛电动以服务创新夯实了改造传统电动车行业的根基,也为小牛电动的后续品牌传播提供了助力。

▶ 小牛电动不怕丢的行业意义

电动车行业是一个相对传统的行业,在小牛电动杀入之前,这个行业无论在产品创新还是服务创新上都很乏力。

作为目前为止电动车行业里唯一一家互联网公司,互联网行业里唯一一家电动车品牌,小牛电动的杀入,不仅从产品上进行了十足的创新,还通过掀起电动车锂电池革命等产品创新,实现了电动车行业从 1.0 向 2.0 时代的华丽蜕变。

小牛电动不怕丢这个话题的火爆,反映出了小牛电动以互联网+思维和模式实实在在地戳中了电动车行业和成千上万电动车用户的痛点。

尤其是将保险引入电动车行业,不仅从根本上解决了电动车偷盗等安全问题,而且也树立了电动车行业的新标准。

互联网+是用互联网思维来改造传统行业,用互联网和传统行业结合的模式实现中国制造向中国智造的转型升级。在这一过程中,对传统行业标准的重构,则是一家公司践行互联网+的至高境界。

标准从来都是最有杀伤力和改造力的武器,小牛电动通过掀起锂电池

革命树立了电动车产品上的新标准,又通过有保险不怕丢树立了电动车行业的服务新标准。这两大新标准的树立,对电动车行业所起到的改造效应是 1+1 大于 2 的。

在小牛电动树立电动车行业产品新标准、服务新标准之后,传统的电动车企业是否会跟进已经不是一个问题,因为锂电池、有保险是成千上万用户的现实需求所在,未来无法做到这两项的电动车企业甚至会有被用户淘汰的危险。

可以说,小牛电动以实实在在的创新正在倒逼传统电动车行业的创新,不难预见的是,为了避免被用户所淘汰,传统的电动车企业将会越来越以小牛电动为标杆来进行自我改造。一场因小牛电动而驱动的电动车行业锂电池风暴和保险服务风暴或将在不久后就会全面到来。这恰恰是小牛电动推动传统电动车行业的意义所在。其中,小牛电动所开创的有保险不怕丢的先河,更有可能一下带动电动车和保险业两大行业的发展,为电动车行业和保险业的创新打开了充分的想象空间。

北辰说,还要继续改造。

第 10 章　电商趋势

中国的创业者们到底在想什么？做什么？信什么

这是最好的时代，这是最坏的时代，这是智慧的时代，这是愚蠢的时代；这是信仰的时期，这是怀疑的时期；这是光明的季节，这是黑暗的季节。

狄更斯《双城记》开篇的一句陈述被广泛引用，在移动互联网创业浪潮的当下，无疑击中了无数创业者的内心。不论远在万里之外的硅谷，还是近在咫尺的中关村，财富神话以比特的速度上演。每天都有新的公司成立，千万美金融资，纳斯达克 IPO。同样，二八定律遵守宇宙法则不断上演，80%的创业者没有等待黎明。

➡ 创业者真正缺什么

今天很残酷，明天更残酷，后天很美好，绝大多数人看不到后天的太阳。但又有谁真正去俯下身子去了解这些"绝大多数"创业者的渴望？

如果问今天的创业者缺什么？什么都缺！缺资金、缺品牌、缺资源、缺经验、缺人脉。其实真正缺的是什么？缺归属感！创业不是一个人的长征，不是孤僻的特立独行，而是一个社群，这个时代最强有力的呐喊。在这个社群里，创业者们因为互联网连接起来，是一群微力量。这样的微力量纵然微软，但串联之后却可以影响中国商业的大未来。创业者彼此勉励，共

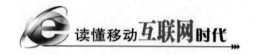

同学习,共同成长。

▶ **我们看到了这样的素描画像**

散落在中国广袤大地上成千上万的创业者们心怀梦想,简单朴素,执着坚毅,并且从不吝惜行动。他们是中国经济最坚固的基石,不仅为国家创造着十分可观的税收,更为整个社会创造了无数的就业机会,可谓是以创业家的精神当仁不让地承担起自己的社会责任。

在时代和社会的变革中,在创业创富的日子里,这群创业者是最早体味艰辛的,也是遭遇困难最多的一个群体。挫折和失败成为他们坚持和奋进的动力。他们在奋斗中汲取养分,不断成长和壮大自己,成就自我,服务社会。

▶ **60后、70后、80后、90后创业者在想什么?做什么?信什么**

对时代和社会来说,创业者是一个基数广大的群体,也是一个常常被忽略的群体,然而却是一个伟大的群体。他们辛劳付出,却缺乏社会的广泛认可;他们极具创造力,却苦于空间和视野的有限;他们蕴含着无尽的力量,却找不到一个可以团结起来共创无限未来的组织,一个可以抱团取暖的社群。

有幸,此次在劲霸男装与创业家杂志联合主办的"劲霸·创富汇"年会上遇见了这样一个组织,一个平台。它汇聚了中国各地的微小创富者,走进各个城市,邀请创业嘉宾,举办沙龙分享。面对这样一个组织,我们不禁要问:中国当代的创业者,他们在想什么?做什么?信什么?

没有放之四海而皆准的答案,但我们看到了一场有趣的并且是跨越40

年的对话。60后表示有压力，70后表示很欣慰，80后表示无所谓，90后表示很任性。在"劲霸·创业汇"年会"四代同堂话创富"环节，由创业家副总裁兼黑马传媒CEO纪中展担纲主持，中科院计算所上海分所所长孔华威、杭州碧创科技有限公司董事长夏抒、大朴网创始人王治全、夏娃的秘密创始人傅文娟、91车梦网创始人张达、三个爸爸创始人陈海滨等十余位出生于60后、70后、80后、90后不同年龄段的代表们四代同堂话创富。每个人创业所处的年代、生理年龄及时代经历不同，使得他们各自的观点产生了激烈的碰撞。面对每代人的创富观、如何赚得第一桶金及赚钱的方式这三个核心论题展开激辩。在激辩现场，60后、70后的风格是一步一个脚印，更倾向于自己积累原始资本，而80后、90后们更追求速度和效率，认为借助资本市场才能迅速做大。在移动互联网时代，90后坐拥天时、地利、人和，被赋予了前所未有的能量。他们是第一代移动互联网原住民，汲取了一切高新科技带来的新鲜和欢愉，同时90后的父辈——60后一代，经历了改革开放的时代红利，积累了一定的财富，90后在财富的传承中成长，没有80后上有老、下有小、白手起家、四顾不暇的烦恼。对于90后创业者只有两件事了：自由地探索世界，轰轰烈烈地改变世界。

朝花夕拾

最后想聊一聊"创富大讲堂"。这是"劲霸·创富汇"在2015年的全新板块，内容不同于小型沙龙，讲的不是创富故事，而是从创富角度就当下经济环境有针对性地开讲，邀请的嘉宾既有理论界的经济学家，也有草根出身的创富成功者，对创富人群来说具有很高的指导意义和实用价值。在此次年会上，"创富大讲堂"也是创业圈明星导师云集。叶檀、牛文文和洪忠信等三位重量级嘉宾作为首讲主讲人登台开讲。叶檀从宏观经济和证券市场领域的专业视角，解析了2015年的经济转型趋势，以及如何把握目前国内新政治气候下的机会。创业家董事长牛文文的演讲主题是"一亿中流"。这个主题是从日本20世纪70年代以来引以为傲的一亿中产阶级延伸而来的。他认为,当下中国的创业者人群正在崛起,创造的财富在国民经济中占比日益上升,带来了巨大的经济和社会效益。他们也将成为未来中国商业的中流砥柱。最后压轴登台演讲的是劲霸男装CEO洪忠信,以"微力量,大梦想,大未来"为主题,分享了自己如何树立创富梦想并坚持不懈专注达成的切身经历,引发了现场许多创富者的强烈共鸣。

对于未来大商业,北辰朝花夕拾,为你奉上"劲霸·创富汇"会上著名财经评论家叶檀关于主题"2015年中国经济转型"的核心干货。

(一)做企业,学丽江

未来,中国的中小城市要想有戏,除非做得特别有特色,就像丽江一样,能吸引北京的小资一咬牙就过去了,更重要的出路其实还是要活在城市群里。

(二)找资金,选择比努力重要

中小企业需要从天使投资开始找资金,而绝对不是银行。银行不是为这些群体服务的,是为政府基建服务的,是为大型企业服务的。到现在为止,银行的资产依然不能股权化,就决定了银行不可能投资小微企业。

(三)2015关键词:震荡

2015年的关键词除了"投资"之外,还有一个关键词就是"震荡"。当市场大幅震荡的时候,只有在两种情况下可以逃过一劫。第一,管理好公司的现金流。第二,知道市场要什么,然后拼命推销自己的产品,把市场所需要的推荐给目标用户。

(四)市场需要什么?市场想要什么

2015年,企业家怎么走?第一,以马云为代表的中国企业家需要找到市场有需求的行业进行创新、创业。第二,以李嘉诚为代表的,明白现在发生什么事情的企业家,提前在全球布局投资。除了投资局部创新产业,如人造鸡蛋、大健康产业、移动互联网络以外,还会投资保险这种金融机构。

第11章
世界是平的

- 中国智造的全球化之路
- 海尔首个互联网冰箱带给我们什么启示

中国智造的全球化之路

从"中国制造"到"中国智造"再到"全球智造"三个阶段,看似一词之别,这条路却并不平坦,甚至是九死一生。中国硬是从死神手中任性了一把。一跃用"中国智造"乃至"全球智造"屹立在世界民族之林。

从1978年中国经济开始走向世界,1998年中国经济开始影响世界,到2018年中国经济将有可能引领世界。这个引领靠的是什么?就是"中国智造"。

中国经济尤其是"中国制造"的快速发展,为世界经济注入了强劲的动力和巨大的活力。2008年以来全球金融危机的巨大冲击,使"中国制造"面临一个新的发展"拐点"。"中国制造"能否转型升级为"中国智造",也将在很大程度上影响到中国能否从一个如今的"经济大国"走向世界"经济强国"。

而此役的2015年秋季广交会,以海尔等企业为代表的"中国智造"乃至"全球智造"为全世界呈现的"中国智造"答卷上,我们得到的答案是"YES"。

数据显示,海尔U+智慧成果出口近20个国家,发达国家占7成。以空调为例,海尔智能空调远销海外11个国家,意大利、法国、德国、西班牙、希腊、俄罗斯、美国、印度等欧洲、美洲皆在名单之列。身处中国即可操控远在欧洲的空调，海外空调状态信息能及时回传到中国青岛本部，给客户和用户提供便捷的服务。这并非未来，而是常态！

海尔"三位一体"战略日见成效，本地化程度逐年提升，海外生产海外销售占比 55%。在本次广交会现场，北辰发现一个细节，就是海尔专门开设海外本土化生产产品展区，面向全球经销商展示海尔在海外本土设计、本土制造、本土营销的诸多家电产品。

三大因素正在加速以海尔为代表的"中国智造"乃至"全球智造"的发展之路。

大国崛起

100 年前，10 万多件中国产品远渡重洋，参加在美国旧金山举行的 1915 巴拿马太平洋万国博览会，并斩获各类奖章 1218 枚。

从 1915 年到 2015 年，"中国制造"的国际化征程走过了整整 100 年。如今，正在以大国姿态崛起的中国是 100 年前千疮百孔的中国不可同日而语的。中国民族的工业技术水平、品牌声誉、发展环境要远远优于 100 年前；中国在全球的领导力和对世界经济的影响力也在与日俱增；中国文化正在被世界人民了解和欢迎；中国领导人为"中国制造"不惜余力地奔走推销，更是为"中国制造"走出国门创造了良好的机遇。

伴随着大国崛起的步伐，眼下是中国民族品牌走向世界、影响世界的最好时机。特别是在"中国制造"国际化元年迎来 100 周年之际，蓄势待发的优秀民族企业当立意高远，在世界舞台开创"中国制造"的国际化新局面，在输出中国产品、中国技术、中国标准的同时，也输出中国形象和

读懂移动**互联网**时代

中国精神。

2015年的到来,将中国民族产业的出海热情引向一个新的高潮。

2015年9月,北辰出访意大利,参加米兰世博会。中国世博馆门前排起最长长龙,来自世界八方的海外友人用"你好""谢谢"简单的中文亲切问候,学习中文之风在世博园盛行。同样,"师夷长技以制夷"不仅仅是中国人的内在需求,全球人民同样有向强者、向先进者学习的诉求。

毫无疑问,中国的大国崛起是"中国智造"走向世界的最好基石。

➡ 内功修为

从1984年到2015年,海尔进入第五个网络化战略生命周期。每一次都是破茧重生。

从名牌战略发展阶段(1984—1991年):要么不干,要干就干第一。

到多元化战略发展阶段(1991—1998年):海尔文化激活"休克鱼"。

从国际化战略发展阶段(1998—2005年):走出国门,出口创牌。

到全球化品牌战略发展阶段(2005—2012年):创造互联网时代的全球化品牌。

再到网络化战略发展阶段(2012—2019年):网络化的市场,网络化的企业。

每一次痛苦的自我革命和涅槃重生,都为下一阶段的进化奠定了文化基础、组织架构和用户连接。

数据显示,目前海尔已在海外建立起7个工业园、24个制造工厂,工厂的布局已经覆盖了全球除澳洲以外 4 大洲的 18 个国家和地区。本土化制造水平不断提升。同时，海尔分别在德国、美国、日本、新西兰建立四大本土化研发中心，并在全球建立了 24 个营销中心、37683 个销售网点，共覆盖 160 多个国家和地区，全球化布局日益完善。

另一方面，随着"中国制造 2025""互联网+"上升为国家战略，工业化与信息化的深度融合、物联网及大数据之下的互联网转型将成为中国经济发展的下一个风口。海尔承接国家战略，打造对外智慧家庭，对内互联工厂，通过构建起开放的智慧生态圈及互联工厂，不断满足用户全流程最佳智慧体验。在 2015 年 3 月的家博会上，海尔宣告智慧生活战略全面变现；春季广交会上向海外客商展示最新的智慧成果；在电博会上又发布了全系智慧自健康产品，继续完善智慧生态圈；在 9 月结束的 IFA 展上，智慧自健康产品更是借势登陆欧洲，透明工厂也随之出口海外。

▶ 开放

海尔推出 U+开放平台，力图打造覆盖生活方方面面的 7 大智慧生态圈。家电厂商单枪匹马，利用个性产品试图吸引消费者的目光将成为过去时。平台思维和生态理念将主导发展。U+开放平台让市场意识到了平台化的重要性，更多系统的无缝对接、更多科技产品的跨界参与、更多商家的互联互通让智慧生态圈的雏形开始明朗起来。海尔 U+系统的划时代意义就在于开放了技术准入机制，以海纳百川的胸怀迎接所有潜在的合作厂商。2015年，海尔在智慧生活领域可谓大动作不断，如果说 3 月初海尔在上海家博会期间声势浩大地发布智慧生活战略和工业 4.0 战略是面向国内的"智慧生活宣言"，那么广交会上海尔展区的布置则是要向海外客商展示海尔智慧生活的落地成果。系列最新网器引来了诸多全球客商的驻足、问询。

比如在智慧空气生态圈，由天樽空调、天铂空调、空气魔方等硬件和 APP 等软件、云服务等组成的"空气军团"，凭借全面、智能的空气服务秒杀全场。据了解，天铂空调采用圆形外观，中间被"凿"出圆形出风口，侧面进出栅栏采用镂空设计，搭载行业首创健康匀风技术，完全颠覆了挂式空调长达 50 余年的传统外观和体验。

开放的平台生态让海尔将智慧生活从理想变为现实。在研发方面，海尔一方面在全球布局 5 大研发中心，对接主要经济区的一流资源；另一方面通过搭建开放的 HOPE 平台，将全球碎片化的需求与一流的研发资源聚合起来为我所用；在制造方面，海尔通过互联工厂这个透明开放的制造体系，让用户、供应商之间可以无缝对接，前端的"众创汇"用户交互定制平台让用户可以通过手机等终端"遥控"工厂生产自己需要的产品，后端的"海达源"模块商资源平台方便供应商精准把握用户需求提供模块化解决方案，整个过程透明、公正。

全球经济增长整体放缓和互联网这一强大生产力之间的矛盾日益明显，对企业来说，如何发挥互联网的力量、加速企业的增长是摆在眼前的最大课题。海尔顺应互联网开放、协作的原则，通过平台生态借来全世界的力量，率先实现了智慧生活最全面的落地，创生出一个满足用户新需求的增量市场。这种时变时新的发展思路值得所有企业借鉴。

第 11 章 世界是平的

海尔首个互联网冰箱带给我们什么启示

上帝说要有光,就有了光;上帝说要有天空,就有了天空;上帝说要有冰箱,按照互联网精神,要超越预期,于是有了互联网冰箱。

之前网络疯传的海尔首个互联网冰箱,2015 年 10 月 20 日在北京时尚潮流圣地 798 揭开了神秘面纱。北辰顶着雾霾,穿越新雾都之城,绕过拥堵的北四环,终于得偿所愿,抵达现场,见证了互联网冰箱的问世。

➡ 先卖个关子,你心中的互联网冰箱是个什么模样

一般人可能会说智能模块,连接 Wi-Fi,在公司通过手机 APP 就可以操控家中的冰箱干湿冷暖。如果还停留在这个阶段,那你就是停留在传统互联网。

真正的智能互联网冰箱,应该是厨房的中枢和大脑,智慧厨房的入口,自然远程调节和操控是基础功能,冰箱会上电商网站,采购食材,新鲜食材送货上门。不出家门已有佳肴半桌将是生活常态。

有同学可能要质疑:"祝卖梦成功",抑或是"很好很遥远"。

梦想是要有的,万一实现了呢?互联网是有的,冰箱是有的,互联网+冰箱也是可以有的。

 读懂移动**互联网**时代

▶ 为什么要互联网冰箱

每个人都有属于自己的一片森林,也许我们从来不曾去过,但它一直在那里,总会在那里。迷失的人迷失了,相逢的人会再相逢。

几年前,80后和90后几乎告别了电视,而互联网电视让这一批人再次相逢。

这几年,我们这代人不曾走进厨房,而这一次颠覆再次发生。一个关于美食、关于顶级生活方式重新在向我们召唤。大而言之,是充满丛林冒险的互联网厨房;小而概之,是冰雪聪明的互联网冰箱。

数据显示,在海尔冰箱针对全国137万人同步进行的线上线下交互中,中国人的厨房被赋予了"劳动型厨房""枯燥厨房"等称谓,让人无法享受烹饪的快乐,这个现象在80后、90后群体中表现得更加明显。"烹饪时的心情不好,将直接影响家人用餐的心情和生活品质。"据有关专家分析称,"相比中国家庭来说,国外的'享乐型厨房'则可以更有效地带动家庭氛围,让家人能够拥有更健康、更舒适的心情和生活环境。"

▶ 互联网冰箱能干什么

北辰闯欧赴美,也算见过一些新鲜设备。然而今天发布的海尔互联网冰箱再次让北辰脑洞大开。海尔互联网冰箱,作为智慧厨房的入口,让厨房瞬间变成可与用户进行"情感链接"的享乐场所。

在功能上,这款互联网冰箱在实现智能冰箱具备的食材智能管理、远程控制等智能生活体验的同时,还可以根据用户自身的需求,在平台

上接入娱乐生活模块，让烹饪美食的过程不再枯燥乏味，让厨房真正快乐起来。

多方资源的进入，使该冰箱在实现影音娱乐、一键购物等功能之外，还有更多超乎想象的多元化互联网功能。

开放让互联网冰箱更具想象力

从互联网诞生之初，自由、平等、开放就被写进了 TCP/IP 协议。开放作为互联网的 DNA，充满了无穷的想象力；互联网+社交，于是有了微信；互联网+零售，于是有了阿里巴巴；互联网+冰箱，于是有了智慧厨房。

开放的价值体现在两个方面。

自我迭代的能力

开放让工业制造实现了千万人研发、千万人设计、千万人购买、千万人使用、千万人反馈。用户成为产品真正的主人，硬件成为入口，软件和服务资源的快速迭代，将为用户提供完整智慧厨房生态的顶级体验。

开放资源接入

开放意味着 U 盘化生存不仅仅是个人的生活方式，还可以是资源的接入方式。根据不同场景的需求，可以接入多元化的服务资源。比如宴请宾客，你可以用互联网冰箱上酒类电商瞬间召唤美酒，需要澳洲龙虾，你可以通过互联网冰箱的点击触控召唤"虾兵蟹将"款待高朋。

足不出户，已得天下美味珍馐已然不是遥远的未来，而是坚实的当下。这样的体验是美好的，亦是珍贵的。

　　家之所以为家，我想一定不是一堆顶级物件的堆砌。它源于付出、源于细节、源于用心。

　　厨房里的每一促温度和每一次水流，不仅是美味的创造，还是智能家居时代关于家的完美回归。

　　科技还原生活，我想"本来如此"！

第 12 章

IP 风暴

- 足球 IP
- 纪录片 IP
- 韩娱 IP 化
- 零食 IP

足球 IP

"国安,国安,北京国安"是国安比赛日工体上空最响亮的口号。中超豪门北京国安队今天有了另一个名字——北京国安乐视队。

从国安到国安乐视,简单的一词之别,却意味深远。其背后折射出的是社会进化背后的权利更迭,互联网企业抢班夺权,真正走上荣耀之路……

➡ 从大球到小球

足球是圆的,什么事情都可能发生。

时间如果回拨 15 年,没有人会想到,杭州的一家小公司阿里巴巴将创造全球最大规模的 IPO。15 年后,广州的一家足球俱乐会将成为亚洲冠军,登上亚洲之巅,刻上了阿里巴巴亲儿子的名字——恒大淘宝俱乐部。

时间如果回拨 12 年,国安还是那只叱咤风云的京城御林军,乐视只是嗷嗷待哺的婴儿。一个轮回,12 年,国安依旧是中超那支令人望而生畏的铁军,当年的婴孩已然茁壮成影响世界的生态公司。不管是北京、硅谷、洛杉矶,亦或是繁华如梦的拉斯维加斯,还是眺望中国的南亚巨兽印度,略过的都是乐视生态的影子,不管是内容、平台、应用、终端,还是垂直如汽车、体育、音乐、金融。乐视在这个时代刻上了自己的名字。

第 12 章　IP 风暴

世界向东，乐视向西。桀骜和倔强从来都不是给追随者的标签。尽管一路上枪林弹雨，乐视一路蒙眼狂奔，用行动回击质疑。曾经有人对易北辰嘲讽说：如果乐视能成功，除非时光逆转，海水倒流，人死复生！

嘲讽声音永远不会消失，不管你站在什么样的位置，只要热爱的掌声更加铿锵有力。它来自伙伴、来自粉丝、来自员工。这是一种原生的力量。你不知道这种情绪什么时候发生，但它确实就这么发生了。就像一个球员练习了千万次的射门，当足球划过天空，网窝必然是它的终点，不是这次，就是下回。这个星球在发生一些有趣的变化，足球亦然！

➡ 互联网上位

互联网+还是+互联网。足球圈是最好的诠释。国安乐视，恒大淘宝。地产+互联网的命名结构，照见的是一个时代的分水岭。

过去 10 年，中超是地产商的天下，从球队命名可见一斑。广州恒大、北京国安、杭州绿城、山东鲁能、天津泰达。足球是那个时代的缩影，翻开中国福布斯富豪榜，地产企业的掌门人抱团上榜。

2015 年，当你再翻阅榜单，世界变了，互联网公司 CEO 们强势崛起，集体上榜。互联网的上位不但提高了榜单的颜值，同时也拉低了上榜的年龄。北上广深的传统地标热闹不减，但互联网产业园、创新园、孵化中心才是最活跃的交流之所。

2014 年 6 月，阿里巴巴 12 亿元人民币入股恒大足球俱乐部，后者估值 24 亿元人民币。2016 年 1 月 14 日，广州恒大足球俱乐部完成新三板挂牌后首笔融资，整体估值已超 150 亿元人民币。而此役乐视联手北京国安后，"南恒大淘宝，北国安乐视"的楚汉争雄格局将成常态。北京国安乐视队冲

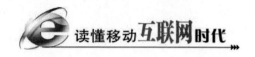

出亚洲,走向世界一流俱乐部将是不远的未来。

国安乐视俱乐部的未来

(1)乐视将为国安带去什么

乐视体育 CEO 雷振剑表示,"乐视体育在过去一年多的发展过程里面,积极打造一个基于赛事到内容到智能化到互联网应用服务的一个垂直生态链。在这个垂直生态链的体系里面,我们认为,上游的资产,特别是像球队资产,是撬动整个产业链一个非常关键的环节,所以这是我们和国安走得越来越近的一个重要原因。

对于乐视体育来说,本身在整个体育产业的生态链里面,几乎都已经做足了布局。国安在整个产业链里面,基本上算是最后一块拼图了,所以非常希望未来把乐视体育在整个产业链上面很多的资源和能力也注入到国安俱乐部的球队经营管理、球队未来的开发,特别是俱乐部的一些青训里面去。

我们认为,国安俱乐部是目前中国最具备这个品牌价值的足球队。乐视体育也是目前在整个体育产业开发上面最有能力的一家公司。所以这种组合和这种互补,一定会为中国足球,为中国的职业足球、职业体育带来一股非常新的力量。"

(2)乐视能否入股国安

由于中国足协规定的 2016 赛季股权转让在 1 月 10 日截止,因此乐视与国安的此次合作暂以冠名形式。国安未来进行增资扩股时需要一个招拍挂的过程。国安俱乐部名誉董事长罗宁说,既然乐视和国安走在一起了,那么大家的目标就是一致的,最终的目标是共同把足球搞好。至于股权问题，我们正在谈，相信我们有智慧把这个问题解决好。

▶ 乐视体育很忙，国安未来可期

2015年是乐视体育生态最忙的一年。乐视体育生态发展为"赛事运营+内容平台+智能化+增值服务"的全产业链体育生态，内容平台拥有200多项、10000多场版权赛事，成为全球体育版权资源最为丰富的公司；智能硬件方面，拥有超级自行车、多款智能硬件产品投入研发；增值服务方面，游戏平台上线试运行，提供近千款游戏产品，垂直电商上线运营；赛事运营方面，将国际冠军杯（ICC）正式引入中国，中标女足超级联赛未来5年的全方位运营权，包括全媒体版权、赛事信号制作、冠名赞助销售权和商业开发权。除了四大业务板块，乐视体育模式复制到有生态基因的城市，"重庆乐视体育产业发展有限公司"成立，这成为乐视体育首个以地区为名称的垂直频道。

在国际化布局上，2015年7月，乐视体育美国在硅谷总部正式挂牌，美国研发总监到位，预计团队在一年内搭建完毕。2015年，乐视冠名五棵松为"乐视体育生态中心"，打造智能场馆。乐视体育与黑龙江省体育局宣布达成战略合作，未来双方将在赛事筹办、运动旅游、智能场馆、冰雪项目推广等诸多领域展开全面合作。

乐视体育携生态资源强势入局，国安乐视俱乐部的未来值得期待！

纪录片 IP

国际交流日益频繁，中国纪录片迎来爆发期，成为世界了解中国的重要文化窗口。翻开中国纪录片全球化之路的旅程，我们发现，中国纪录片在全球的舞台上熠熠生辉：从纪录片《春晚》登陆国家地理频道的美国旗舰频道黄金时段，到《超级工程》在德国 RTL 电视台一播成名，片中展现的港珠澳大桥、上海中心大厦、北京地铁网络、海上巨型风机到此刻依然镌刻在德国民众的心中。

聊起纪录片，上至庙堂之高，下至江湖之远，无人不识一部万人空巷的作品，那就是《舌尖上的中国》。这样一部投资在 1000 万元左右的作品，却创造出超过 3 亿元的收益。这部现象级的作品再次点燃了投资者对于纪录片的热情，大量外界资本开始涌入。然而在业内看来，即使当前纪录片的关注与日俱增，但投资纪录片依然是高风险的商业交易。中国急需一个繁荣、稳健、健康、有序的纪录片交易市场！

▶ 中国纪录片的崛起之路

谈及中国纪录片的发展历程，一个会议无法忽视，那就是亚洲阳光纪录片大会。时值三月，中国将二次承办本次大会，地点从天府之国成都到海峡之南厦门。中国厦门接力香港、首尔、东京、吉隆坡和成都成为第六

第12章 IP 风暴

届亚洲阳光纪录片大会的举办城市。2015年，大会的重点将瞩目于"亚洲各国之间"，以及"亚洲与世界各国之间"的联合制作。2015年3月17日至20日，为期四天的市场展销、预售提案评比、研讨会、一对一会晤、培训工作室、网络建立和社交聚会等活动为纪录片专业者提供洽谈联合制作和推销成片买卖的国际平台。

特色性的引入"基金"概念不是需求而是必由之路。中国的纪录片市场太需要国内外文化基金和文创基金参会了，打通基金与纪录片产业之间的通道，在国外基金和国外纪录片产业市场与国内业界互联互通上搭建起一座沟通的桥梁，以资本力量助推纪录片产业发展。据数据统计，2014年，在成都举办的亚洲阳光纪录片大会共有来自世界45个国家的650名专业人士，其中包括130名决策者。本次在厦门举办旨在开辟这一国际纪录片市场新领地的目的不言自明。

▶ 凤凰视频、爱奇艺、优酷等在线视频在纪录片市场强势崛起

中国纪录片产业随着历史的兴衰几度沉浮。近几年，网络视频的快速发展，为纪录片的再次繁荣带来了全新契机。用户通过移动设备收看视频的习惯已经养成，大数据时代到来、网络的互动优势等因素使得中国纪录片生态正在发生变化，但如果用现在视频网站的主要盈利模式去支撑纪录片行业的内容发展会有一些困难，因此在制作、播出、推广等全产业链各环节上，只有与纪录片业界不断加深合作，提早介入，才能更好地将广告主和片方需求融合在一起，并且在适合网络播放的内容剪辑、互动形式和衍生产品开发上，为制作机构提供有效的建议。

例如，由央视和凤凰视频同步播出的大型历史题材纪录片《河西走廊》收官，在凤凰视频全网独播创下超4000万流量的佳绩。纪录片这一传统意

义上的窄众市场已经开始向大众化市场迈进，并将得到越来越多中国观众的认可及欣赏，从而为纪录片在中国的发展夯实基础。《河西走廊》在豆瓣上的网友评分更是高达9.4分。对于一部纪录片而言，这可谓是至高的赞扬。其实，能取得如此傲人的成绩，一方面得益于凤凰视频的精细化媒体运营，另一方面得益于凤凰视频位居中国纪录片第一平台的优势。

可见，从凤凰视频庞大的用户基数不难看出，为何一部《河西走廊》能在凤凰视频创下如此高的流量。当然，凤凰视频本身的行业影响力只是其一，还通过原生营销的全媒体传播方式为此片吸引了大量的粉丝，迎来一轮又一轮的流量高峰。

通过纪录片发展的趋势我们发现，国际合作纪录片作品数量逐年递增，纪录片播出平台，除了电视台、大银幕、网络、在线视频等播出平台异军突起以外，在线视频平台与电视台跨界合作的全媒体产品同样表现出了惊人的爆发力。凤凰视频、优酷、土豆、爱奇艺、迅雷已经成为网民观看纪录片的主要阵地！

创·纪录运动

互联网的力量在纪录片领域逐渐找到掌控力的感觉，在线视频 UGC、PGC 的内容不就是最随意、最简单、最真实的记录吗？然而这种记录还不能自成规模、自成体系、自成灵魂。

成熟的纪录片交易市场离不开高质量的纪录片制作和输出，世界不缺少中国故事，缺少能讲述中国的好故事。纪录片新时代不需要制造，需要创造，而这项创造运动不仅仅是纪录片圈内人的行动和思考，更要发挥民众的力量，让千万人参与、千万人记录、千万人传播中国的故事。在2015年3月18日，凤凰视频在亚洲阳光纪录片节发布2015年凤凰视频"创·纪录运动",即是在全媒体时代以"网台合一"的凤凰传媒矩阵为平台,聚合更为广泛的纪录片参与群体。同时,鼓励参与者基于团体、个人的诉求,进行更为多样化的鲜活记录和立体传播,从而开创"人人都是纪录者,人人都是纪录片发展的推动者"这一纪录片领域的新纪元。据艾瑞 2014 年 12 月 IVT 数据显示,凤凰视频纪录片频道月度覆盖用户数已达 5660 万,是其他视频网站月度覆盖总数的二倍。2015 年 2 月的第一周数据显示,无论是人数还是流量上,凤凰视频都处于绝对行业领先地位。

多屏时代,通过视频,特别是移动终端收看纪录片的人越来越多。只有通过更早的介入,实现和纪录片产业更好地结合,借助互联网的传播方式,让优秀的纪录片作品影响到更多人。

通过"创·纪录运动"以创造性的战略思维,突破业内的价值局限,构建以"选题创意、人才培养、生产协作、公关推广、版权交易"为一体的产业价值链,从而实现资本、市场及生产者的三方共赢。凤凰视频自创立之初,就将纪录片作为自身独特定位之一。

"创·纪录运动"传递了这样一种信息:一个普通人可以通过他的才华、毅力、对生活的热爱及身边简易的影像设备,成为一位"真正"的纪录片导演。而且他们关注的对象大多都是日常生活中的个体,真正的中国故事。"创·纪录运动"也许会一步步壮大,一种类似于全民健身运动似的"业余影像时代"的狂欢或许不是遥远的未来……

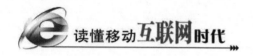

韩娱 IP 化

由中国广告协会主办、大中华区艾菲推广组委会承办的"2015 艾菲 3+1 实效趋势论坛暨艾菲实效排名颁奖盛典"在京举行。北辰有幸受邀参加了本次盛典，聆听"艾菲实效趋势论坛"上品牌主、媒体、业界知名专家、市场研究机构、品牌代理公司的顶峰对话。

艾菲论坛云集了当下前沿权威的实效趋势报告，为企业在新一年度的营销计划提供专业的数据支持与趋势预测。艾菲论坛上各路英雄前言、犀利的思想、工具、方法论无疑对未来内容营销的开展有着前瞻性的指导作用。众沙拣金，在众多前言思想中，此役被评为实效媒体 TOP 10 的搜狐视频。其营销策略中心副总经理杲鹤川的"韩娱营销 IP 化论"无疑是本次大会内容营销部分的最强音，或掀起新一轮的内容营销变革。他山之石，可以攻玉！

那么什么是"韩娱营销 IP 化"？为什么韩娱是一个大风口？韩娱营销如何落地？

今日北辰带各位走近搜狐视频，为你揭开搜狐视频"韩娱营销 IP 化"的独特面纱！

➡ 大环境：韩流势不可当

韩流风靡一时。实际上，韩流从未走远。数据显示，在过去的 20 年间，

第 12 章　IP 风暴

韩流文化从未间断地输出高质量作品。去年全球韩流粉丝数量约有 2200 万，相比前年增加了一倍多。2014 年，韩剧、韩娱贡献全网播放量达到 288 亿，占全网流量近 3 成。一组数据表明，韩国文化产业产值已达 5800 亿元人民币。

电视剧《来自星星的你》，演绎明星李敏镐、金秀贤，偶像团体 EXO，综艺节目《爸爸去哪儿》都在中国发酵成现象级的 IP。毫无疑问，韩流已成流行文化的风向标，正营销中国最具消费力的广大群体，而文化一旦被人选择去认同，就会成为根深蒂固的东西。

通过一组数据我们可以观察到，文化认同正在转化为消费路径：

① 在刚刚过去的五一长假，韩国迎来了 10 万名中国游客；

② 三天里，韩国乐天、现代及新世界百货的销售额增长 57%~58%；

③ 海外时尚的商品销售额相较于其他商品增长率最高，为 83%；

④ 新世界百货女性服装的销售额在其店内的增长率居首位，达 89%。

在这个眼球经济、内容娱乐化的时代，韩流创造了三大独特的价值：① 现象级 IP；② 粉丝经济；③ 爆点。

先来看看"现象级 IP"。韩流正在创造"现象级的 IP"风潮，列出几组数据：

① 骑马舞席卷全球，《江南 STYLE》及衍生栏目全网播放量达 23.7 亿；

② 速食搭配，下雪天（炸鸡和啤酒）引发产业价值 4.3 亿元；

③ 全民撕名牌大战，"撕名牌"百度搜索量 375 万。

其次，粉丝经济。忠实的粉丝=最有吸引力的消费者，已成圈内共识，

同时粉丝群体呈现出一系列相同的特征：

① 可引导性：狂热消费明星产品、明星代言及明星的吃穿住行；

② 易煽动性：情绪资本为核心；

③ 忠诚、可管理：有一定的群体意识和规范；

④ 自主扩散：有自主性、持续性；

⑤ 可被影响：有一致的行为能力。

第三，爆点。明星走出银幕的时刻给粉丝提供了与偶像亲密接触的机会，关注度由此变现。

以#池昌旭中国行#一组数据为例：

① 到场粉丝 800 名；

② 线上直播同时在线人数 14700 名；

③ PC 端播放量 1330000；

④ 移动端播放量 1090000；

⑤ 通过线上活动使《Heale》播放量提升 17%。

如何驾驭强劲韩流，转化为营销驱动力

据搜狐视频的数据显示，搜狐视频关注韩娱的用户体现为几个特征：① 72.6%为 19~40 岁人群；② 81.5%用户为高学历人群。而搜狐在这方面似乎布局已久，曾经的几大事件如今在韩娱战略正在发挥效用。

① 2008 年 4 月 22 日，搜狐与韩国最大的电讯公司 SK 电讯达成战略合

作，在内容、资源、技术、运营模式等方面展开合作。韩国SK电讯旗下拥有的全智贤、宋慧乔、全度妍、车太贤等影视明星的个人官网和博客将落户搜狐。搜狐构建的韩娱频道拥有SK电讯旗下正版的影视作品和独家制作的视频内容，向中国网民传递韩国的娱乐资讯、音乐MV、综艺节目、影视节目等，同时通过SK电讯所拥有的韩国音乐网站Melon向韩国网民提供搜狐提供的各种娱乐信息。

② 2014年8月7日，旗下拥有裴勇俊、金秀贤等大牌明星的韩国娱乐传媒公司——KeyEast宣布与搜狐签署战略合作及投资协议，正式进军中国市场。根据协议，搜狐网旗下子公司FoxVideo将向KeyEast投资150亿韩元（约合人民币8961万元）获得KeyEast6.4%的股份，成为第二大股东，最大股东为裴勇俊。KeyEast在声明中称，搜狐在中国开展的事业很适合KeyEast。公司认为，在各种事业领域，韩中两大娱乐公司能展开实质性合作，因此在众多有意合作的中国企业中选择了搜狐集团。

搜狐在声明中称，为了积极满足中国国内对韩流文化内容的需求，同时考虑到KeyEast在韩流和娱乐行业拥有的丰富资源和信息，决定对KeyEast进行投资。

此次战略合作，搜狐成为KeyEast独家线上合作伙伴，将在中国积极介绍韩流内容和韩国艺人。

③ 2014年12月，搜狐视频宣布与韩国最大的电视媒体之一SBS（首尔广播公司电视台）颁奖典礼达成了五年独家合作。从12月20日起一直到12月31日，搜狐视频每天都将独家放送长达六小时的韩流庆典。SBS在21日的歌谣大战、30日的演艺大赏和31日的演技大赏，搜狐视频也将进行全程双语独家直播。同时，搜狐视频的韩娱资源布局也就此浮出水面，针对韩国娱乐重点资源进行投资、购买和定制的全方位战略开拓。

从 2014 年开始,搜狐视频拿下连续五年的独家 SBS 颁奖典礼中国区域的独家直播权,国内众多韩娱粉丝不必如往年一样通过各种渠道,看着画质不清晰、语言不通的颁奖典礼。搜狐视频与 SBS 开始全面深度合作,专门开设同步中文直播区。

至此,搜狐视频已构建韩娱播报、自制韩剧、版权独播、演唱会、韩星中国行、SBS 大赏的综合立体化网状联动的内容矩阵以满足观众的需求。

2015 年,韩剧剧王如何玩转内容营销

(1) 好莱坞式前置商业化植入

在剧的文学创作期、拍摄期进行前置商业化植入。以《星星》为例,千颂伊同款手机、相机、冰箱皆成为爆款。植入剧中产品露出、明星使用示范都会极大地影响消费决策。

(2) 系列落地活动借势营销

借助于韩娱产业的深度挖掘,搜狐正在打造中国娱乐产业最具品质的系列活动:依托在购买方面,韩剧领域搜狐视频将独家拥有剧王型韩剧,包括三大"男神"金秀贤、李敏镐、玄彬的新剧;在音乐领域,拥有李敏镐的世界巡回演唱会中国区域的独家直播权;在自制和定制内容方面,搜狐视频还会独家推出定制韩剧,由知名韩国制作机构打造,韩国偶像明星出演,专属定制给搜狐视频平台网民观看,剧目包括《花样排球》《高品格单恋》。搜狐正打造#海外明星中国行#一系列成熟的落地活动。

(3) 搜狐视频韩娱人群的基础数据

搜狐借助好莱坞式的内容商业化模式,实现目前国内独有的产业布局,

同时通过与电商平台频道合作，以创新广告形式，真正实现韩娱 IP 的产品化和商业化的变现。

内容营销的未来将更加依托大数据和 O2O（线上线下融合）。2015 年，搜狐视频实现"韩流"的全面打通，从线上韩剧、资讯等资源，到线下"海外明星中国行"等活动合作，在矩阵推广方式下，形成搜狐视频独有的"营销闭环"。

零食IP

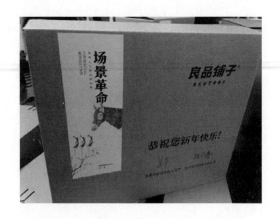

IP从概念到《芈月传》现象级,用了短短半年时间。

IP从文创到零食,要多久?

没有先例,但有人已经去做了!

像极了移动互联网时代创业的节奏:失败是一种选项,但是畏惧不是!

"勇往直前,看准了,就去干,试错,小步快跑,快速迭代,梦想还是要有的,万一实现了呢。"这些是标签,是这个时代的印记。这个时代给予了小鲜肉、老腊肉创业者最好的土壤。

良品铺子就是几个老腊肉带着一群小鲜肉,从湖北出发,进发华中,征战全国的一支创业团队。和其他光鲜亮丽的O2O团队打法不同,良品铺

第 12 章 IP 风暴

子没有天价融资,没有在一线城市疯狂烧钱,高举高打,而是从湖北出发,进军江西、湖南、四川、河南,依靠不断扩展的线下 1700 多家线下门店网络,从线下打到线上。

从 2006 年在武汉开第一家店开始,9 年来发展到 1700 家店。2015 年,良品铺子的销售额达 45 亿元。随着消费升级,良品铺子有了新的使命,就是在行业里开始普及健康营养产品的概念。

除了在线下发展情况良好,良品铺子在线上业务更是取得了爆发式的增长。2012 年,良品铺子的电商销售额为 1000 多万元;2013 年,做到了近 8000 万元;2014 年是 4.2 亿元;2015 年达到 12 亿元。良品铺子的电商业务占总销售额的 30%左右。过去两年,电商业务保持四五倍的年均增长。

有别于京城的 O2O 创业,良品铺子的 O2O 有自己的一套逻辑,"要把门店这个优势最大化,我们叫做'门店互联网'。在未来的规划里,我们有两个翅膀,一个是实体店,由原有的业态继续实现;另外一个是虚拟店,所有的门店都可以承接周边三公里范围内的业务。线上下单,线下发货,最快一个小时就可送达。"良品铺子战略副总裁赵刚称。

易北辰和良品铺子战略副总裁赵刚相识是在 2015 年冬季,赵刚博士携手下一众精兵强将在北辰洲际酒店一个雅致饭店和京城名士论道 O2O。

如果别人要做零食 IP,北辰可能会一笑置之。可是赵刚如果说要做零食 IP,则八成是有备而来!

不出所料,此役良品铺子请来的助阵嘉宾也非等闲之辈,恰恰是场景革命理论的提出者、互联网社群"罗辑思维"联合创始人、曾经的凡客诚品副总裁、京东商城高级副总裁吴声。

谈及 IP,行业内一听到这个词,一定认为是平台级企业玩的"重游戏",

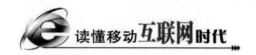

且多联想为文创、游戏、文学、电影!

问题来了:零食也能做IP?零食怎么做IP?

良品铺子给出的答案是:场景革命!

一场基于互联网社区的场景革命,一个健康大产业的零食IP。

如果我们把IP的概念放得更宽一些,那么从某种程度上来看,良品铺子是一个品牌,用户使用这个品牌的时间越长,越对产品产生情感联系、心理依赖、使用习惯,一个好的品牌就是和用户建立长时间的交流,凡是能够产生这样效果的,都可以称之为IP。

如何做?良品铺子给出了"四大"。

➡ 产品即场景

下图的产品是"场景实验室"创始人吴声和良品铺子董事长杨红春开展零食场景革命共同打造零食IP的"第一款实验品"。吴声和良品铺子董事长杨红春联合亲笔签名,腰封会配不同的祝福语。

> "想要"是这个时代最主流的消费气质,也是场景的原型。换个场景好好吃,让嘴巴去旅行。
>
> 场景实验室创始人吴声　　良品铺子创始人杨红春

在产品的跨界组合中,每一个用户的场景被选择、被重新定义。场景成为虚实交互融合的核心,线上 APP 也在对线下场景的改造中不断赋能,产品成为场景的解决方案。比如简单的单品品类,置于不同的场景诉求中,就可以衍生花样繁杂的新产品。因此,在用户某个生活场景中,适时提供其可能需要的及关联的产品或服务,便能获得最大的爆发能量。

赵刚曾判断,未来三个趋势将对零食行业产生重要影响。"一是人均零食的消费比会越来越高,以美国为例,对坚果类产品的人均消费是按公斤算的,而中国现在还在按克数;二是消费者对品质的要求会越来越高,由吃多变成吃精,由吃好向吃得健康转变;三是全渠道经营。"

产品即场景,良品铺子的零食实验品至少击中了三大国民性场景:① 最具情怀的年货,春节节日场景;② 零售成家庭、办公室、旅行必备的消费场景;③ 消费升级带来的对健康追求的品质场景。

▶ 分享即获取

互联网的核心精神之一,便是分享思维。在分享模式下,资源越用越有价值,分享就是获取,消耗就是积累。

分享最大的主体不是企业、不是第三方广告中介,而是人。人变成了新的渠道。用户是传播者、分发者抑或营销者已经不重要了,重要的是在于信任和人格背书。基于真实场景的分享带来了信任溢价。好友推荐的东西是有温度的,试用、使用门槛被极大拉低。吴声身体力行,先将这个"实

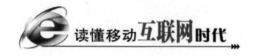

验品"推荐给朋友圈自己的 100 位企业家朋友、知名段子手、媒体记者等近 200 人。

  良品铺子的零食 IP 实验品没有广告，不通过中介，而是通过人，一个个简单的人，身边的人开始在社交媒体上传播，产品变成了会说话的媒介，产品本身成为了真正的网红。

跨界即连接

  在场景电商框架里，六度空间理论正在被更多公司和品牌证实并简化——任何两个陌生的企业，通过强 BD，就能彼此形成互补的品牌链，找到接触点，一起化学反应。这就是跨界即连接。品牌的跨界，背后伴随的

第12章 IP风暴

是用户群流动。

场景本身将创造最强势、最多变、最失控的连接。最大的奥秘便是跨界。越是跨界的产品和品类组合，越能定义全新的品类。良品铺子和吴声，一个互联网零食品牌和知识界、媒体界的一场跨界，演绎成一场盛大的狂欢。

流行即流量

电商正在告别流量时代。这反映了互联网入口格局的颠覆。消费者与相关的场景需求成为新的入口，也因此成为新的渠道。品牌不再被策划，而需要更多的引爆。营销也需要更多细分的标签，需要窄化成生活方式的共同体。设计与研发，在众筹、众包、众创中，摇曳成更多千姿百态。渠道与人的边界持续溶解，流量正全面服从于流行。

未来良品铺子的电商定位会从零食的这个品类扩展到食品这个品类，为消费者提供吃的一类服务。区别于1号店的形式，良品铺子不打算做整合型的电商平台，而是将品类分开单独经营，如专门卖零食的店、专门卖水果的店、专门卖粮油米面的店等。

把做零食的理念回归到消费者需求本身，良品铺子正在适应消费升级的大趋势。线上一直是核心的战略，线下门店则是良品铺子的优势，门店

能够直接和消费者接触。全渠道能够把线上和线下结合，产生客观的流量，而流量只有流行起来才能产生指数级的变量和传播力。

社群经济和场景革命正在兴起，而节奏不是悄悄，而是汹涌而至！因为最大的 90 后、00 后已经接过时代的权杖，年轻人正在以自己的方式和世界问答。零食 IP 的实验不会终结，也没有成败。因为每一次勇敢的脚步，都将会或正在写进历史……

第13章

移动互联网英雄谱

- 乐视崛起
- 苹果江湖
- 必读小米
- 高端对决
- 努比亚反击
- 华为谷歌
- 硅谷

乐视崛起

智能手机市场风起云涌。2013年堪称蓝海，说相声、玩音乐的纷纷入局；2014年渐入红海，市场拥挤，不见差异化，只见发布会；2015年已入血海，各大厂商赤身肉搏，业界戏称天天发布会，记者跑断腿，各大厂商要么向细分市场精耕细作，要么剑指海外，消化存量。

然而，应证那句老话，没有不好的市场，只有不好的厂商。血海之下，一匹黑马一路高歌猛进，剑指之处，用户无不用尖叫和购物车相迎。它就是乐视超级手机！

看几组数据

① 2016年1月29日，国内知名研究机构赛诺Sino Market Research日前公布了2015年12月中国移动市场EBP市场月度分析报告。报告显示，乐视超级手机以9.3%的市场份额首次跃居线上市场销量排名前三，超越苹果、华为、魅族、三星等老牌实力厂商。国民旗舰乐1s更是表现不俗，单月单品销量破百万，蝉联千元价位段的销量冠军，战绩超越竞争对手。

② 2016年1月21日在深圳举办"时代终结，时代开启——里程碑之夜"年会上，乐视控股高级副总裁、乐视移动总裁冯幸宣布，乐视超级手

机总销量超过 500 万。创造新晋品牌最快破 500 万纪录。

问题来了，杀出重围的为什么是乐视超级手机？

有三大秘诀！

秘诀一，乐视不是要制造手机，而是要制造一个完整的移动互联网生态系统

2015 年 1 月 28 日，乐视移动公司揭牌，冯幸宣布乐视正式进军手机行业，提出"无生态，不手机"的生态手机理念。这是一种不同于手机行业传统制造派和互联网营销派的全新玩法，基于过硬的产品研发能力，依托成熟的产业链基础，发挥强大的互联网营销优势，融合丰富的乐视生态，把最好的内容和服务呈现给用户。要知道，在 2015 年这个被称之为互联网寒冬的元年里，想要进军这个市场本就不是容易之事，想要闯出一片天地更是难上加难，乐视生态打通了四处关隘。

（1）硬件为基，服务为王

移动互联网时代，智能手机对于消费者是一切服务的集合，购买一部手机不是购买一个可以秒变砖头的"硬件"，更重要的是购买一个可以连接一切"服务"的万能机器猫！

乐视生态手机不再是一台硬件，往大了说是一个移动互联网的生态系统，具体地说承载着丰富的内容和服务，用过乐视手机的都应该知道，乐视手机再也不是一个冰冷的硬件，赋予了鲜活的生命和更高的价值。在乐视移动总裁冯幸看来，"至少在乐视，我们是手机行业供给侧的改革和优化，用革命性的产品形态颠覆了商业模式，去提供更高价值的供给，从这个角度来推进手机产业的发展和进步。"

（2）独享的生态资源

只有坐拥独家的资源才有资格拍着胸脯对消费者说："这些东西很值

得!"如果要对比如今全球销量夸张的苹果手机,那么可以说其独到的特点就是 iOS 及优质的 APP 资源。这些是全世界其他厂商所不能拥有的。

乐视在规划里也在努力打造这样的一个生态闭环。目前,乐视首先坐拥着大批量的视屏版权,还扩展了影业公司和体育公司,一些体育赛事或者热门电影的视频资源甚至是在闭路电视里都无法找到的,而可以在乐视的生态资源里轻松获取!如此独家,这是其他友商绝对无法获取的资源,当内容优秀、资源丰富的时候,客户自然愿意埋单。

(3) 产能

一款非常美好的商品如果只是"纸上谈兵",那么 PPT 做得再优美、再漂亮、再怎么无敌于天下,用户用不到的话,都只能是扯淡。用户不会自己去"望梅止渴""画饼充饥",产能的速率会直接影响到消费者的情绪。速率上,乐视采取了"最大化速度",在公司最为紧张的时刻,高管甚至都要自己去产线进行督促,当然也在为工人打气,让进度加快。乐视移动冯幸笑称,"我跟大家说说,虽然我以前也执掌整个手机的业务,但是我很少去产线,我去产线一般就是一件事,就是过年过节去做个慰问,但是我上周去了我们昆山的产线,可不简单的是感谢和慰问,我是现场督战,现场催货。为什么呢?因为我们乐 1s 这款国民旗舰,每天的销量就是每天的产能,产能就是销量,我们的业绩发展很快,今天我们又迎来了一个乐视手机 5 的里程碑。"

(4) 四大渠道 互为支撑

乐视与中国联通的合作已经让乐视手机直接获得了上百万的新联通用户。对于联通,这也是一件非常值得高兴的事情;对于消费者来说,也能够选择更合适的月消费状况,在同样每个月需要消耗通信费的情况下,可以得到更加实惠的选择。(据说,2016 年有望与中国电信进行亲密合作,看来电信用户的福音要来了）目前通过运营商购买手机的人也越来越多，人们逐渐意识到这样的消费习惯其实更有利于理财和养成节约环保的习惯。

除此之外，其他的流量庞大渠道也是 8 个月获取 500 万销量中不可或缺的一部分，只有多渠道同时运营好，才可以获得收益最大化。对于乐视而言，有四大渠道：第一，自有的商城；第二是密切的合作伙伴，以京东、天猫为代表的线上第三方；第三，很多的合作伙伴，也就是线下 Lepar 市场；第四是运营商。四大渠道协同并进，相互支持，相互协同。

秘诀二，爆品战略

2015 年双 11，乐 1s 豪夺京东 3C 类单品新品、千元旗舰手机双料冠军。之后的双 12，乐 1s 斩获全网单品销量总冠军、淘宝天猫单品销量总冠军、天猫千元旗舰销量冠军、淘宝单品销量冠军四项冠军。乐 1s 面市的第二个月，便实现单品单月销量突破 100 万。这种销量拉升速度在全行业来讲前所未见。

乐 1s 凭借产品素质、市场表现、模式创新等多维度优势，在用户评选及专家评审环节中获得了高度认可。而乐视手机的掌舵人、乐视控股高级副总裁、乐视移动公司总裁冯幸凭借领先的行业、产品理念和优秀的操盘成绩击败众多行业大佬，斩获唯一的人物奖项——2015 年度智能手机风云人物。

无独有偶，媒体的一致赞誉成为乐视超级手机高歌猛进的有利背书。乐 1s 目前已经斩获新浪科技、人民网、手机之家等众多权威媒体、机构奖项，如年度最佳互联网手机、2015 年度创新产品奖、2015 年度智能手机产品金奖、最佳千元机等。

秘诀三，与超级 IP 的生态化反

背靠生态优势，超级 IP+超级手机能产生怎样的化学反应？与《太子妃

升职记》这个超级 IP 的生态化反是一个经典案例。乐视推出了乐 1s 太子妃版，除了获赠乐视超级影视会员外，该版本用户还享有独一无二的生态权益。

乐视自制剧《太子妃升职记》在乐视网开播以来，播放量一路走高，上线仅 48 小时，播放量已经突破了 1000 万，9 天取得了破亿的成绩，下线之前已取得了超过 26 亿的播放量，被舆论评为"年度第一网剧"。

乐 1s 太子妃版享有《太子妃升职记》定制壁纸、铃声、轮播台等权益，此外更加令粉丝兴奋的是，《太子妃升职记》第三版大结局还将在其上全网独家放送。

据悉，乐 1s 太子妃版在增加了众多生态权益之后，价格依旧维持在 1099 元。目前，乐 1s 太子妃版已经在乐视商城、乐视天猫旗舰店上全面预售。

彩蛋，品牌势能显现，墙内开花墙外香

乐视在全球范围的敏捷布局逐渐收到成效。由于国内、中国香港及美国地区的捷报频传。乐视在新兴市场捕获一大批粉丝。例如，在印度市场创造纪录，成为唯一一家没有在印度市场上销售产品，而品牌跻身最受关注品牌的中国互联网公司。

据一家权威调查机构的最新统计结果，2016 年 1 月，印度市场手机品牌关注比例分布，乐视占 8%，排名前四，紧跟苹果、三星之后。印度市场对于作为生态引领者的乐视，兴趣和关注持续上升。乐视 2016 年 1 月 20 日在印度举行大型发布会，正式进军印度市场，预计将会把品牌关注推向另一个新高度。

数据显示，截止 2016 年 1 月 8 日，乐视成功占据印度市场手机品牌关注比例的 8%，仅次于苹果（40%）、三星（20%）及联想（11%）。不得不提的是，乐视在尚未正式进入印度市场，也还没有正式发布和销售产品的情

况下，急起直追，勇夺品牌关注第四位。相比之下，上述三个品牌及其业务早已落地印度市场。2015年10月底，乐视宣布进军印度的计划，在短短三个月间，印度媒体对乐视的报道和关注呈指数上升趋势。可见，行业对这位生态引领者的进驻有不一般的期待。距离乐视正式进入印度市场还有三天，但是印度行业和媒体对乐视品牌的关注已达到新高。2016年1月12日，乐视全球正式换标LeEco，呈现打造生态世界的决心和实力。品牌升级显示出全球化战略的进一步深化和推进。印度发布会作为乐视海外首场大型发布会，是其全球化战略的首要一环，必定引爆行业内外的高度关注。

印度媒体对乐视的超级手机尤为关注，特别是了解到旗舰超级手机在国内创下单月销售超100万部。其中，旗舰杀手Le 1s在双11夺得京东新品单品、千元旗舰手机的双料冠军，在双12更是一举斩获四冠，成为实至名归的千元明星机。2015年4月发布的旗舰手机乐Max更创下首发当日，3秒就全部售罄的记录。两款旗舰机2015年12月刚在香港发布，开售当天就达到12423部的销量，创下香港史上当日手机销量纪录。外界都在猜测，香港之后，乐视会在印度市场发布哪一款超级手机？

北辰说，2016年，乐视手机有望完成1500万部的销量目标，站稳第一阵营。冯幸判断，2016年是一个分水岭，手机市场格局将重新划分。单纯的硬件手机时代即将终结，内容和服务定义的手机时代来临。生态手机的崛起，必然会让很多硬件厂商死去。市场不会凭空多出1500万部的空间给乐视，乐视手机快速增长，就会让有的手机厂商快速萎缩，甚至退出市场。

苹果江湖

发布这篇稿子之前，北辰查了下京东的市值为 377.59 亿美元。

由于苹果股价连续三个交易日下跌，因此投资者的担忧情绪正在华尔街蔓延，苹果公司的市值已经蒸发 400 亿美元。换言之，苹果市值已经损失了一个京东！

苹果发生了什么

2015 年末、2016 年初，这个跨年，苹果并不好过。摩根士丹利、摩根大通和瑞银在内的多家投行下调了对 iPhone 出货量的预期，主要是考虑到 6s 和 6s Plus 的需求疲软，以及部分发达市场的饱和状态。

这家市值高达 5686.55 亿美元，全球最具价值公司的股票一路下探。这样破纪录可一点也不好。2014 年 10 月，股票价格首次跌破 100 美元，截至北京时间 2016 年 1 月 9 日 20 时 33 分，该股成交价为 96.96 美元。继 2015 年下跌 4.6% 以后，苹果股价在 2016 年的前几个交易日就下跌超过 4%。

苹果发生了什么？核心原因在于苹果 2015 年度旗舰 iPhone 6s 和 iPhone 6s Plus 需求疲软。

据此前日经新闻报道，苹果 2016 年一季度计划将新款 iPhone 产量削减约 30%。这一数字让很多分析师感到意外。瑞银集团也将 2016 年 iPhone 出货量的预期下调 5%，至 2.20 亿部。

▶ 这一幕，在 2013 年 1 月惊人相似

如果把时间拨回到 3 年前，这样的下探曲线惊人的相似。由于缺乏颠覆式的创新产品，苹果股价正在面临周期性的反复，像篮球赛场上的一种伤病：习惯性脱臼。

苹果的身体机能里，这种潜伏的伤病似乎每隔一段时间爆发一次！这可不是个好的信号！

2013 年 1 月，由于假日销售旺季期间，苹果 iPhone 手机销售不及预期，市场愈发担心苹果正在失去其在智能手机领域的主导地位，导致苹果股价受挫，以及券商纷纷下调苹果的目标股价。

2013 年 1 月 24 日，美国时间周四，在纳斯达克盘前交易中，苹果股价下跌超过 9%；在法兰克福股市上，苹果股价下跌已超过 7%。包括巴克莱资本（Barclays Capital）、瑞穗证券美国公司（Mizuho Securities USA Inc）、瑞士信贷（Credit Suisse）、德意志银行（Deutsche Bank）、Raymond James、Robert W. Baird & Co 和 Canaccord Genuity 在内的七家券商，将苹果目标股价平均下调 142 美元，至 617.8 美元。2013 财年第一季度，iPhone 手机出货量达创记录的 4780 万部，但低于分析师平均预期的 5000 万部。

▶ 有药吗

库克执掌苹果的时代，在商业、财技、运营方面的才华得到了市场的认可。但是老生常谈，缺乏颠覆式领导市场的产品，一直是库克时代的阿

喀里斯之踵。

在智慧家庭、无人驾驶汽车、VR方面，苹果的布局和行动并不领先于美国本土的其他对手，甚至在中国乐视生态、小米生态链、海尔U+平台，一大批的后来者正在以苹果为目标，并且随时有弯道超车的可能。

苹果的竞品三星，以独创的曲面屏正在逐步赢得市场，在产品的创新层面抢到一个身位；华为的强势崛起，在全球范围内的强大研发、设计能力，也正在夺食苹果引以为傲的设计领导地位。想象空间匮乏导致股价下跌，苹果需要突破型的创新新品。

即使不怎么关心苹果的人也都知道，苹果这几年做的事情，就是把手机、平板、MAC做薄、做大、做快。这仅是升级，却不是突破。

苹果需要找到当年发布iPhone 4时的那种产品、市场、用户尖叫的感觉！虽然充分竞争的科技领域做到这样甚至于苛求，但这就是苹果之所以称之为苹果的原因。

因为苹果的使命不是赚更多的钱，而是创造更完美的产品！

🔘 不算太坏的消息

蒂姆·库克在财报会议上提出，iPad的使用周期较长，使用户在升级新设备的意愿更低。尽管如此，iPad销往对象依然是新用户，保证了iPad在全球的使用率持续增长。

市场数据也应证了这一点，Verto Analytics发布的报告显示，苹果iPad在全球平板电脑市场的普及率和使用率位列第一，高达43%。三星平板排名第二，全球使用率为15%。

第 13 章　移动互联网英雄谱

虽然全球平板电脑市场的销量增速放缓，但是苹果的体验发挥了效用，以售卖出的终端记，苹果拥有了自己王国里稳定的子民。Apple Music、Apple Store 闭关的生态链正在发挥能量，虽然这一系列收入被库克统一划入增值服务。随着苹果子民的信仰税和新增用户，苹果在短期内依然拥有不断的前景……

但是如果再没有尖叫级的产品出现，那么就会褪去光环，失去果粉信仰！这才是苹果最大的危机！

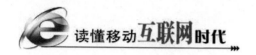

必读小米

手机、电视、汽车,这三块市场正在经历前所未有的巨变!

手机市场现在完成时,电视市场现在进行时,汽车市场未来进行时!2007年1月10日,iPhone发布;2011年8月16日,小米手机发布;2013年9月3日,诺基亚被微软收购;2014年1月30日,联想收购摩托罗拉移动……

曾经的航母巨头离我们渐行渐远,水果系和粗粮系风卷残云般攻城略地。有些伟大注定要写进历史,有些新生注定要揭开历史的篇章。2007年至2015年,这8年时间是手机江湖跌宕起伏的8年抗战。手机行业彻底完成了蜕壳进化,而这样的进化路径正在以不同的行业病毒版拓展开来。

手机、电视、汽车首当其冲!手机市场经过时间磨砺,格局初定,市场进入成熟期。互联网电视则方兴未艾,正在伸手准备接过手机递过来的接力棒……

小米是这个领域的快行侠,每个企业的起点各自不同,却一同走到了同一条赛道,这样的对抗从智慧还是商战皆是精彩绝伦。易北辰案例分享,走近小米,初探2016年,互联网电视领域注定腥风血雨,小米的总参谋部正在进行着什么样的作战计划。

➡ 缘起:一枚果粉的创业之路

故事从一个男人说起。王川,小米电视掌舵人。2011年,王川带着多看团队开发了一款 For AppleTV 的系统,2012 年多看又开发出小米盒子,这样的探水动作,直到 2013 年才完成阶段式的跳跃。2013 年,小米推出第一代小米电视。从软到硬,每一步进行着高度的衔接。小米盒子帮助王川验证了小米电视系统交互模式的可行性。

相比软件体系,硬件制造本身蕴含着更大的风险。做电视,你不知道能卖出多少,产能也是一件非常复杂的事情。不管电视还是手机,想要提高产能就得先做模具,开一套模具就要三四个月的时间。库存也是一大难题!假设一款 2000 元的手机,每个月生产 100 万部,四个月的货值就有 80 亿元。那么在生产这款产品的流程中,开模要四个月,量产还需要再等四个月,这中间"分分钟可能就死了"。

最初想到要做电视的就是王川,尽管当时他和他带领的多看团队还没有正式加入小米,但早已是雷军系的成员。王川和雷军是多年好友,两个人在不同场合都重复过一句话,雷军曾对王川说的,你干什么我都支持。小米决心投入电视,绝不会基于个人情谊。虽然王川并不是出身于电视行业,几次创业大多与交互设计、用户体验有关,但也不能算是硬件的外行人。在过去的几年里,王川也带领团队做过机顶盒,甚至有和传统电视企业合作的先例,依靠独立探索为多款其他厂家的硬件产品推出相应的第三方操作系统。

如果说 2011 年到 2013 年王川领导的小米电视完成了球场边热身,那么从 2013 年开始,小米电视进行了金州勇士般的神投射之旅。2013 年 9 月推出智能电视产品。2014 年 5 月推出小米电视 2 代,比一代增加了标配的独立发烧级蓝牙音响。2015 年 3 月 24 日,小米举行发布会,发布全新一代的小米电视。2015 年 7 月 16 日,小米在京举办新品沟通会,正式推出小米电视 2S。这款产品具备 9.9mm 的机身厚度,号称外观工艺、画质、音响和性能业内第一。2015 年 12 月 30 日,小米电视在北京总部发布了一款 70 英

寸次世代分体液晶电视。

目标驱动型的个人和公司似乎更容易成功。王川的心中一直无法忘怀一种水果的体验：就是乔布斯的苹果！

要做电视圈的苹果

小米电视的工程师好多直接取材自苹果公司。王川一直在内部强调：所有的电视要按照苹果的品质去做！而这样的要求，在供应链方面实现起来并不容易。

"比如小米电视给代工厂提个需求，代工厂说其他厂商需求标准是这样的。王川说不行！代工厂说索尼能接受，你为什么接受不了？三星能接受你为什么接受不了？这个时候就特别困难。"王川表示。

小米电视的产品做工要求很高，代工厂足足做了三次试产才成功，这样的过程并不容易，但是这样的过程迟早都要经历，因为目标在那儿……

雷军时机已成熟，王川 2016 年将进行大补贴

雷军曾对王川明确授意产品为先，做好产品再推不迟！经历三款迭代，小米电视日渐成熟，雷军同意 2016 开始提速。

补贴用户，让用户更轻松、无压力的连接小米电视将是小米电视 2016 的一大策略。虽然现在用户习惯线下买电视，但是在线下买电视其实是冤大头。如果在线下卖，成本至少增加 40%才能摊平渠道成本。

谈到具体的补贴方式，王川表示并不会是单一的方式，可能是推出更具价格竞争力的产品，也可能是推出更有内容性的产品，是组合拳。

第13章 移动互联网英雄谱

➡ 慢火熬粥

谈到未来,王川不急不躁。他相信口碑的力量,可能一年两年不会有很大的市场,但五年十年就大不一样了。王川表示,随着时间越推移对小米电视越有利。资本面,小米电视没有太大压力,目前没有亏损,且小米是现金充裕。对于合作,王川虽然没有说具体的合作对象,但是他表示,对于合作一直持欢迎态度。

原来传统的电视机已经形成了一个很高的门槛,只留下6家大的电视机厂,门槛很高,其他家进不来,所以这6家竞争不激烈,日子很好过。现在互联网厂家进来,形成直接竞争以后,其实推动了大家的改进。不管谁最后胜出,核心问题是中国品牌的胜出!不管是小米成了,还是谁成了,最终是中国品牌通过这些竞争提升了品质,提升了竞争力。这也是雷军常挂在嘴边的新国货运动吧。

作为一个已经身价过亿的连续创业者,王川说自己之所以还在艰苦工作,是因为已经不是为钱而是一种实现理想的过程。他这么描述小米的团队,"我们崇拜乔布斯,没有他,我们的生活就少了很多乐趣和色彩,如果有机会做到苹果的一部分,我们这辈子都值得了。"

王川记得当时有人问克拉尼为什么能成为跨界设计师,克拉尼回答说:我从来没想过做跨界设计师,我只是喜欢美好的事物,生活中到处都是不美的东西,我就想把他们改成美的。

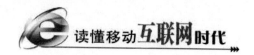

高端对决

"苹果应该说已经到达某种程度历史上的一个最顶点了。下一步大家都在看苹果还能不能拿出让大家惊叫和与众不同的东西。iPhone6 和 iPhone6 Plus 推出之前,大家都已经猜测到了苹果这次会出个大屏手机,在中国,iPhone6 和 iPhone6 Plus 很受欢迎,但我从意大利、德国、欧洲看了一下,基本上 iPhone6 和 iPhone6 Plus 的销售占比不到 10%。"——华为荣耀事业部总裁赵明说。

➡ 苹果向右

手机市场遭遇行内看衰,同样遭遇困境的还有被寄予厚望的苹果手表 Apple Watch,上市销售已经过去四个月,苹果拒绝公布销量,并表示销量"很高,但还不够"。这让外界怀疑苹果手表是否能成为一款像 iPhone 一样成功的产品。有业内专家表示,苹果部分零售店的苹果手表已经出现滞销和积压。另外,最近公布的一份民调显示,消费者对于苹果手表的兴趣正在快速消退,甚至有消费者认为,这是一款累赘无聊的电子产品。根据 MBLM 公司进行的一项消费者民调,千禧年一代(接近于国内所称的 80 后和 90 后)对于苹果手表的总体态度是不满意。许多消费者表示,购买苹果手表之后的确感到很激动,但是这种兴致在 30 天之后就快速消退,越来越多的用户认为,苹果手表只不过是苹果 iPhone 手机一个很薄弱的延伸性配件。

苹果只有寄希望于 9 月的新品发布。根据国外网站 M.I.C.Gadget 援引从富士康方面得到的消息称,iPhone 6s 于 2015 年 9 月 18 日正式上市发售,从目前曝光的诸多信息来看,iPhone 6s 和 6s Plus 在外形上,相比过去并未有任何显著的改变,甚至摄像头凸起的缺点也未得到改善。

外媒 Business Insider 发表分析称,iPhone 在中国市场占有率正出现下滑,且全球出货量未达预期,考虑到 Windows10 将进一步进逼苹果 OS X 系统,而 Apple 的下一个明星产品尚不知何时出现,Business Insider 据此推测,苹果已跨过发展高峰,正在走向下坡。

苹果公司如果在 2015 年 9 月不能解决这些疑问,则可能依旧将遭遇困境。追其根本:苹果是否能继续引领尖叫式的创新?

三星向左

反观苹果的老对手三星,却选择走上了一条完全不同的道路。

三星用全景环绕式屏幕推出三星 Galaxy S6 edge+和三星 Galaxy Note5。三星希望借此重振利润增长。5.7 英寸的屏幕及增加移动支付服务是为了帮助三星从使用 Android 操作系统的各大手机品牌中脱颖而出。

事实上,Galaxy 系列也是为了对抗苹果应运而生的。当时整个三星电子都认为"能与苹果抗衡的就只有安卓了"。2009 年下半年,首款安卓手机 i7500U 在欧美市场率先上市。出于系统和整体性的考虑,三星决定把今后安卓智能手机的代名词统称为 Galaxy,产品覆盖高端、中端及入门级全系列。

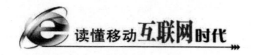

根据全球调研机构StrategyAnalytics无线终端战略（WDS）服务发布的研究报告指出，2015年第一季度全球手机出货量达4.45亿部，比2014年同期增长8%。其中，三星和苹果在该季度的全球出货量为9900万部和6120万部，排行第一和第二。

在苹果抛弃传统、不断将手机屏幕做大、平板电脑做小的时候，三星似乎选择了一条最具挑战性的路。曲面屏，三星的孤注一掷似乎收到了成效。惊艳、颠覆式创新、不可思议，这些曾经牢固地贴在苹果身上的标签，纷纷被媒体和消费者用于赞叹三星Galaxy S6 edge+。

"孤注一掷"在三星身上不是神来之笔，而是三星DNA里流淌着的战略。

在数字技术时代，三星电子希望成为一个领导者。三星几乎不惜血本地投入了这场数字变革。三星在液晶显示器的外观和轻薄程度上不遗余力地进行创新，在通信领域，三星电子也在手机的工业设计、功能配置方面煞费苦心。

三星电子"孤注一掷"战略的独特之处在于：

第一，树立一个雄伟的目标；

第二，以颠覆旧规则的方式获得差异化竞争优势；

第三，以"孤注一掷"的策略获得持续竞争优势；

第四，"孤注一掷"地执行。

如何在竞争中通过差异化方法做得更好？

在把热销产品推入市场之前，就要先将产品变成"生鱼片"，这样才能使电子商品售出高价。

在竞争白热化的电子消费产品市场，今天还在热销的新产品，明日就变成了昔日黄花。当你第一天抓到高档鱼，在一流的日本餐馆里能卖个好价钱。如果一些鱼没卖完，等到第二天再卖，就只能以一半的价格卖给二流餐馆，到第三天，就只能卖到四分之一的价格，如此以往。这就是"干鱼片。"因此，在电子消费产品市场上的成功秘诀，就是将最先进的产品在竞争爆发之前就摆上货架。这样就可以在其他产品纷纷跟进，你的产品不再时尚之前获得一个好价格。他说："在我们的商业中，如果你能缩短交货时间，你就可以赚。如果将交货时间缩短一个星期，就大不相同。如果你两个月之后才入市，那就完蛋了。"

为了不让自己的产品变成隔夜生鱼片，三星电子的策略是不断重建新规则。

比如，在产品策略上，三星始终以最酷、最时尚的产品进驻全球市场，大屏曲面屏就是一个最好的例证。曲面屏的良品率低是业界公认的技术难题，而三星孤注一掷抢占先机则需要十足的勇气和魄力。

如何保持持续竞争优势

三星电子的秘诀就是：设计明天。

1970年，三星电子还在为三洋公司打杂，为其制造12英寸的黑白电视机；现在的三星电子已是今非昔比，已成为世界顶尖级的技术创新公司，在众多的领域创造了一系列的尖端技术，包括移动电话、手持计算设备、平面显示器及超薄笔记本电脑等。2015年，三星电子的专利数在全球排名第二，取得了3052项专利，仅次于IBM，领先于LG、索尼、谷歌、苹果。

三星的秘密武器在于其不断开发出的超级高科技。以三星Galaxy S6 edge+为例，这款设备包含了至少三种重要技术功能。这些功能只有三星和三星设备拥有：

① 自主开发的系统芯片 Exynos 7420；

② 行业领先的曲面 Amoled 显示屏，在画质和设计方面，其他对手无可匹及；

③ UFS 2.0 闪存，提供超快的读/写速度。

这些都是竞争对手无法企及的优势，不会出现在其他竞争对手的设备上。

2015 年 9 月，三星和苹果在高端智能手机市场终有一战，谁将继续引领未来的技术变革和消费潮流，让我们拭目以待……

第 13 章 移动互联网英雄谱

努比亚反击

兵马未到，粮草先行！

对于智能手机市场，这块移动互联网时代最大的入口，各路势力都是虎视眈眈、兵强马壮，10 亿元资本是入门。没有 10 亿元资本根本没法玩，至于某歌手、某相声演员、某空调制造商，只是在时代的大势前边刷个存在感。如果在移动互联网时代的史册上留个边角料给记录上一笔，那么已是大成了。

努比亚倒是根正苗红，2012 年 10 月 31 日脱胎于中兴，以拍照和无边框纵横江湖。也曾以拍星星的手机、国母手机刷过一阵子存在感。可曾想，智能手机圈的这帮人都是虎狼之师，擅长互联网造势，有气质的努比亚只能无奈地被友商巨大的声量淹没。

眼看 2016 年的开市钟声响起，可能是移动互联网手机入口的最后红利，这个尾巴再不发力抓住，再等风来，就不知道是 5 年还是 10 年后的事情了……

➡ 努比亚面对众多追求者，最后把灯留给了高富帅苏宁

2015 年 12 月 31 日，中兴通讯早间发布公告，称其控股子公司努比亚拟增资扩股，引进苏宁控股的苏宁润东（苏宁控股 70%），同时中兴将放弃

有关增资扩股的优先认缴出资权。

公告显示，苏宁润东以 19.3 亿元对努比亚进行增资。增资完成后，苏宁润东将持有努比亚 33.33%的股权，中兴将持有努比亚 60%的股权，英才投资持有 6.67%的股权。在苏宁润东增资的 19.3 亿元中，3958.23 万元计入努比亚注册资本，18.9 亿元计入资本公积金。

公告表示，本次增资完成后，努比亚董事会由 7 名董事组成。其中，中兴有权委派 4 名董事，苏宁润东有权委派 2 名董事，英才投资有权委派 1 名董事。中兴通讯称，本次增资将解决努比亚在一定发展时期的资金来源，加大努比亚品牌投入力度，完善周边业务生态链。

在 2015 年智能手机一波剧烈的万牛奔走中，努比亚应该归到慢牛，虽然动作不断，亦有神机闪现，但是在移动互联网生态的快速布局和推广力度、深度、强度上，与玩的聊情怀、驾驭互联网人气的友商，仍显火力不足！

➡ 2016 年的决胜局，努比亚的这盘棋该怎么下呢

努比亚引入苏宁主要是看中了苏宁的 O2O 渠道和海外布局。苏宁资本进入后，除智能手机以外，在 3D、VR、AR、智能电视、人工智能、智能家居方面均进行了合作拓展。

高富帅苏宁的殷实家底也将是未来努比亚的有利支撑。公开数据显示，苏宁云商拥有线下实体门店近 2000 家，线上具有苏宁易购 B2C 电商平台。2014 年 10 月 26 日，中国民营 500 强发布，苏宁以 2798.13 亿元的营业收入和综合实力名列第一。2015 年 8 月份，阿里巴巴投资 283 亿元成为苏宁第二大股东，持股为 19.9%，苏宁以 140 亿元持股阿里 1.09%的股份。对于国产手机厂商来说，线上和线下渠道都非常重要，渠道承

第 13 章　移动互联网英雄谱

担着产品抵达消费者的重任，已经成为多家手机厂商近期努力的重点。2015 年 12 月 21 日，苏宁全面接手原江苏国信舜天足球俱乐部。（恒大效应依然可借鉴）

显然，努比亚联姻苏宁，下移动互联网这盘大棋有了资本、渠道、生态更多的有利落子，但是面对红利将逝、杀气正浓的血海市场，仍有很多硬战要打！

华为谷歌

昨天，也就是北京时间 2015 年 9 月 29 日，谷歌在旧金山举行发布会，发布 Android Marshmallow（简称安卓 M）正式版，同时还发布了 LG 版 Nexus 5X 和华为版 Nexus 6P。

此役华为与谷歌的强强联合，全球智能手机市场传统豪强苹果或将遭遇史上最强的对手！

谷歌发布了什么

谷歌在旧金山干了什么？一言以概之：两款 Nexus 设备和 Android 6.0 亮相，Chromecast 得到升级。

自然 Nexus 设备是本次发布会的重头戏。此役谷歌发布 LG 版 Nexus 5X 和华为版 Nexus 6P，在产品定位上，华为版 Nexus 6P 比 LG 版 Nexus 5X 更为高端。

配置方面，LG 版 Nexus 5X 机身重量为 136 克，机身正面配备了 5.2 英寸 1080P 分辨率屏幕，搭载 1.8GHz 主频骁龙 808 处理器，2GB 内存及 16GB/32GB 机身存储空间，支持指纹识别功能，采用 USB Type—C 接口，内置 2700mAh 电池，运行 Android 6.0 系统。相机规格方面，Nexus 5X 配备 500 万像素前置镜头+1230 万像素后置镜头的组合，支持激光辅助对焦功能及 4K 视频拍摄。

华为版 Nexus 6P 拥有一体式金属机身，重量为 178 克。机身正面配备了 5.7 英寸 2560×1440 分辨率屏幕，支持指纹识别，搭载的是高通骁龙 810v2.1 处理器，内置 3450mAh 容量电池，同样加入了 USB Type—C 接口。在存储容量方面，提供 3GB 运行内存与 32GB/64GB/128GB 机身存储空间可选，运行最新的 Android 6.0 系统。相机方面，Nexus 6P 配备了前置 800 万像素+后置 1230 万像素的摄像头组合，也支持 4K 视频拍摄。华为长期在手机高端市场的耕耘收到回报。这款华为版 Nexus 6P 对于华为团队来说可谓驾轻就熟。

售价方面，Nexus 5X（16GB）的起售价为 379.99 美元（约合人民币 2400 元），官方显示的颜色有炭黑、冰蓝和石英白。配置更高的 Nexus 6P 售价相应也有所提升，最低 32GB 版本售价 499.99 美元（约合人民币 3200 元），颜色方面，除了喜闻乐见的"土豪金"外，还有铝灰、霜白和石墨黑三种颜色可供选择。除了价格之外，对于 Nexus 手机来说，大家更为关心的应该是发售国家和地区的信息。Nexus 5X 的首批发售国家包括美国、英国、韩国、日本及爱尔兰；而 Nexus 6P 的首批发售国家为美国、英国、加拿大、爱尔兰和日本。

霸气外露的安华组合：全球第一用户量"安卓"+全球手机市场第三"华为"

不可忽视的是一直低调修行内功的华为，全球手机市场排位已经来到了第三名，那么恰好领先它的是谁呢？就是苹果！

据统计机构 Counterpoint 本周发布全球手机市场二季度的调研，华为成为世界第三大手机制造商，超越了收购诺基亚的微软，仅次于三星、苹果。

华为在技术研发和硬件制造上的能力获得市场认可。这得益于其多年来在技术开发上近乎偏执地持续投入。据称，华为决策层坚持将每年销售额的 10%用于科研开发。这在中国的科技企业中几乎无人能及。而此役史上最强的原生态软件安卓邂逅上升势头正劲的华为。这次的华为版 Nexus 6P 在全球范围来看，不仅仅是一次尝试，而是未来全新的竞争趋势。在一个共赢生态圈中,各个玩家坚持自己的核心竞争力,找到最完美的拍档进行生态圈融合,以期达到超越当前市场霸主的目的。

华为和谷歌强互补性结构

谷歌和华为的相恋拥有某种必然性。双方身上的特质恰好是彼此最刚需的部分。华为背后高速崛起的中国移动互联网市场是全球拥有移动人口最多的一个国度。软硬实力兼得的局面有利于华为全球战略布局的开展。截止目前华为方面公布的数据显示,华为旗下手机产品已经覆盖中国、西欧、中亚、东南亚、南太平洋等区域在内的 100 多个国家。华为品牌及其旗下荣耀品牌在内的智能手机产品在全球销量一路看涨,仅在 2015 年上半年,出货量就同比增长 70%。与谷歌的合作有助于华为进一步拓展国际市场,当然也包括美国在内。

谷歌可以助力华为实现海外市场升级。华为消费者业务有望借助此次与谷歌的合作,提升与 20 多个国家和地区的市场深度渗透,使华为在全球化的进程中升档提速。

此外,归回本质,在双方的用户体验上,下一代的华为手机在安卓体验上或迎来革命性的改善。华为可以成为第一个采用谷歌最新原生安卓系统和前沿互联应用的厂商,以此来提升华为用户的移动互联交互体验。

谷歌 Nexus 6P 用户同样可以更加高效地连接全球顶级设计、终端外观、性能的设备。优秀的硬件+软件将带来极致的体验。

不断变大、变色的苹果新品让全球粉丝逐步失去新鲜感,创新乏力再被诟病,如今又在全球范围内迎来史上最强"谷歌+华为"组合,2015 年的 9 月 30 日,是否会成为手机历史上的重要转折点,手机市场的格局是否会被改写,答案交给时间来揭晓!

第13章 移动互联网英雄谱

硅谷

在移动星球，硅谷是永远的月亮，你看或者不看，它都在那里，时圆时缺。

长达10小时的飞行，横跨16个时区，行程10897公里，跟随The BIG Talk 史上最大的媒体团远赴硅谷，目的只有一个。走近这个星球、这个时代最伟大的创新中心，解开每个中国互联网人的心中困顿：硅谷为什么被称为"硅谷"？

The BIG Talk 进发硅谷

2014年6月北京国贸，The BIG Talk 与《数字化生存》作者尼古拉斯·尼葛洛庞帝第一次发问：技术如何改变世界？

2015年1月30日，与国内100多家最具影响力的主流媒体、科技垂直

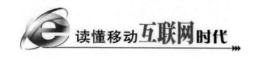

媒体和自媒体同行们进发硅谷探讨助推智能社会的创新秘密。半年时间，对于20年的中国互联网进程，只是微不足道的四十分之一，而对于移动互联网，比特的速度超越了多数人的预期。移动互联网在960万平方公里的土地上栽下种子，并正在快速长成参天大树。据工信部2014年10月22日发布的数据显示，截至2014年9月，我国移动互联网用户总数达到8.71亿户，同比增长6.3%。其中使用手机上网的用户达到8.33亿户，移动手机用户的渗透率达到65.5%，同期提高0.2个百分点。

期间，同样嵌入了足以媲美史诗级大片的脚本和剧情：京东赴美上市，市值逼近400亿美元；阿里巴巴创下史上最大IPO纪录，市值近3000亿美元，马云一跃成为中国首富；陌陌三年时间创造了30亿美元市值，3年成功进阶纳斯达克，中国速度再次激发创业者的肾上腺素；还有其他不计其数的商业传奇在次第上演，不计其数的移动互联网企业嵌入8亿中国人的每一次举手投足、每一次消费决策。易到用车、途家、饿了么、今日头条还有太多太多海淀工商局注册清单上不起眼的名字，他们在颠覆这个世界的运行规则，他们思考着如何改变世界，他们在心中的火焰，不约而同地指向了一个坐标：硅谷！

问道硅谷

百度公司首席科学家吴恩达、美国奇点大学生物技术和信息学项目负责人雷蒙德·麦考利、斯坦福大学访问教授沃尔特·格林利夫、麻省理工学院人体动力学实验室主任亚历克斯·彭特兰、加州大学伯克利分校再生性能源实验室主任丹尼尔·柯曼、美国硅谷丰田汽车公司高级项目主任尼克·杉本博司、康奈尔大学机机械创新实验室霍德·利普森、苹果公司创始人之一史蒂芬·沃兹尼亚克，一长串改变世界的名单，不是出现在硅谷

第 13 章 移动互联网英雄谱

的名人堂,而是出现在美国计算机历史博物馆"迎接崭新智能社会"为题的 The BIG Talk 讨论的方寸讲台上。

这样对于我们近乎传奇的对话,每天都在硅谷的一角低调地上演。安坐在你身边的也许是肯尼迪总统家族的一员,与你互换名片的中年女子也许是掌管百亿美元 VC、LP 的投资机构合伙人,与你在茶歇室轻取曲奇饼干的戴眼镜男子或许是斯坦福大学杨致远教授。

而此刻却和北辰一样,一个互联网的爱好者、践行者,一个虔诚的学生。这样的互动和交流平等而自由、真诚而独立,思想之光的交融,像极了每一天最普通的一次饮水、一次就餐,普通而又高频,平时而又富有营养。

这就是硅谷的节奏!

▶ 硅谷之所以谓之为"硅谷"

硅谷(Silicon Valley)位于加利福尼亚州北部,旧金山湾区南部,地理上包含圣塔克拉拉县和东旧金山湾区的费利蒙市。根据导游介绍,硅谷横向不足 10 公里,纵向 50 公里。在这里诞生了 Facebook、雅虎、Google、Twitter、Uber、Airbnb 等一系列传奇企业。硅谷成为了"创新"的代名词,于是各个国家的创新中心被称之为"中国的硅谷""印度的硅谷""韩国的硅谷"。

The BIG Talk 硅谷之行第二天的行程安排是参观百度美国研究院。下了大巴车,眼前的一切太熟悉不过,同行的所有媒体人几乎异口同声地调侃:又回到西二旗了!(中关村北部高新企业的聚集地)

物理上的硅谷再平凡不过。没来过硅谷的朋友,硅谷的外貌可以参考五道口、中关村、上地、西二旗。如果是纯粹的风光旅行者，则硅谷可能会让你有点小失望，美国旧金山广袤、丰富的土地，和它 20 世纪几次遭遇地震的经历，让硅谷的建筑往扁平、宽大的 House 方向发展。在硅谷，你看不到高楼大厦，路上的车辆以日本经济、舒适性车型为主，偶尔闪现的特斯拉，才让你察觉，这是全球科技、创新中心。

在 SAND HILL ROAD 驶过，不起眼的灌木包裹下，是影响世界科技进程和格局的企业。行走中的大巴在导游的介绍中不时发出尖叫：左手边的红杉资本、右手边的金沙江创投，还有刚过去的 Google 全球总部、摩托罗拉总部、爱立信总部、思科、甲骨文、杜比实验室、Adobe。

硅谷之所以谓之为"创新"的代名词，斯坦福大学是永远不能略过的话题。斯坦福在以下几个方面有意无意地孵化着现在的硅谷。

（1）科技园区模式

1951 年，斯坦福大学创建的斯坦福科技园成为硅谷的早期雏形，利用厂房和实验用房而获得租赁和服务收入。由于园区的低廉租赁价格、斯坦福丰富的人才资源，吸引了一批新创公司落户园区，成为美国第一个依托大学而创办的高技术工业园区，成为硅谷发展的早期雏形。在创办园区的过程中，斯坦福大学并没有在园区创办企业，而是支持本校的师生创业或是吸引社会公司进园创办新的公司。硅谷最早的创业者就是斯坦福大学的两名毕业生：威廉·惠利特（Wiliam Hewlett）和戴维·帕卡特（David Packard）。他们于 1938 年在一个车库里因研制出音频振荡器而共同创办了惠普公司（Hewlett—Packard）。现在，惠普公司已成为硅谷雇员最多、闻名世界的高技术公司。通过设立学校的技术专利办公室，以专利许可和技术转让的形式把斯坦福大学的先进科研技术转向硅谷的高科技公司，形成学、研、产的生态链条。

（2）科研人才储备库

斯坦福大学之所以能对硅谷企业的成长发挥如此巨大的作用，根源在于斯坦福大学始终坚持作为研究型大学的核心任务，即保持研究和教学方面的卓越，不断创新技术成果，培养出能够把最新的知识运用到实际中去的高素质学生。在斯坦福大学的1300名教师中，有89名国家科学院院士、167名文理科学院院士、65名国家工程科学院院士、21名诺贝尔奖获得者。当然，斯坦福大学能够保持研究和教学的"卓越性尖端"，创造卓越的研究成果，培养顶尖级的各类人才。

（3）风险投资

硅谷是风险投资的发源地，但最初的风险投资公司不是来源于圣弗朗西斯科的金融市场，而是来自于硅谷自身产生的财富。在硅谷，第一轮创业者靠他们自己创业成功获取的资金和经验，并为下一轮新公司的成长投入资金，提供管理经验。20世纪60年代至70年代早期，硅谷就创造了自我支持的金融系统，他们所积累的财富再投资，培育下一批企业家。著名的苹果公司、英特尔公司、微软公司、IBM公司等靠风险投资发展起来的高技术企业也向高技术中小企业注入风险资金。20世纪80年代，主要金融机构纷纷在硅谷开设风险投资办事处，建立超过200家的风险投资公司，占全美创业资本公司的35%，1990年~1998年，硅谷风险投资额年均增长率达到300%。1999年，硅谷吸引的风险投资资金就达130亿美元，占美国风险投资总量的1/3，世界风险投资的1/6。

◆ 中国的声音

数据显示，中国科技企业在2014年仅Q1投资美国的数额就达到60亿

美元。根据美国亚洲协会的统计范畴，科技企业包括航天、汽车、可再生能源、制药和生物技术、电子、IT 设备、软件和 IT 服务，以及半导体等 15 个领域，而中国的投资主要来自 IT 设备、软件和 IT 服务及汽车，其中包括联想收购摩托罗拉移动、万向收购电动汽车厂商 Fisker。

中国快速崛起的互联网企业正在纷纷进军硅谷。像百度，2011 年，在硅谷成立百度美国研究院，短短 3 年，百度美国研究院从 2 人发展到 100 人，同时吸引到了被誉为人工智能研究第一人的吴恩达（Andrew Ng）博士。在 The BIG Talk 硅谷站，据同行媒体透露，她身边坐着几位美国的工程师，此前对百度了解不多，但知道吴恩达（Andrew Ng）加盟百度之后，纷纷表示去百度工作的意愿。国内的优秀企业正在以硅谷的方式融入到硅谷的生态。在全球最具活力的创新中心，与全球最顶级的企业一起协作、讨论、思考、研发、创造，然后反哺中国市场。

中关村距离硅谷有多远，忘掉物理距离吧。中国正在以一种全新的方式和速度加入到全球移动互联网时代的赛程中。这是一场华丽而有趣的冒险，这是一场盛大而喜悦的惊奇。

而对于创业者和企业家，只需要做一件事情：保持好奇，保持饥渴！

北辰说，重要的事情说三遍：

保持好奇，保持饥渴。

保持好奇，保持饥渴。

保持好奇，保持饥渴。